U0886828

不强势的勇气

如何控制你的控制欲

何圣君◎著

人民邮电出版社
北京

图书在版编目（CIP）数据

不强势的勇气 ：如何控制你的控制欲 / 何圣君著
. -- 北京 ：人民邮电出版社，2023.12（2024.6重印）
ISBN 978-7-115-62791-9

Ⅰ. ①不… Ⅱ. ①何… Ⅲ. ①情绪－自我控制 Ⅳ.
①B842.6

中国国家版本馆CIP数据核字(2023)第187546号

◆ 著　　　何圣君
责任编辑　朱伊哲
责任印制　周昇亮
◆ 人民邮电出版社出版发行　　北京市丰台区成寿寺路 11 号
邮编　100164　　电子邮件　315@ptpress.com.cn
网址　https://www.ptpress.com.cn
天津千鹤文化传播有限公司印刷
◆ 开本：880×1230　1/32
印张：6.375　　2023 年 12 月第 1 版
字数：114 千字　　2024 年 6 月天津第 12 次印刷

定价：59.80 元

读者服务热线：(010)81055296　印装质量热线：(010)81055316
反盗版热线：(010)81055315
广告经营许可证：京东市监广登字 20170147 号

前言　控制欲陷阱
——请别用爱去伤害

很高兴你能打开这本书，在你正式开始阅读之前，我想和你一起做一个思想实验。

想象你现在和你的母亲一起走进一家服装店，你看中一条裙子，正当你打算试穿的时候，母亲拿起另一条让你试穿，还说：“你手上的那条颜色太亮了，听我的，准没错。”

穿上后，你照了照镜子，觉得并不喜欢这种风格，但母亲却相当满意。接着，在店员和母亲一致认为你穿这条裙子好看的气氛下，你勉强扫码支付，买下了这条并不称心的裙子。

好了，思想实验告一段落。我想请你感受一下，你此时的心情如何？如果这件事真实发生在现实生活中，你会选择和母亲在店里大吵一架后拂袖离去，还是默默忍受、不敢反驳？

是的，当一个孩子在面对充满控制欲的母亲时，他的感受和你在这个思想实验结束后的感受是差不多的。只不过，作为一个孩子，他还很弱小，哪怕选择大吵一架，也可能不仅无法获得自己想要的结果，接下来大概率还会吃更多苦头。而且，在强控制欲母亲的身边待得越久，孩子会变得越弱小，直到有一天，孩子会下意识地选择彻底放弃他的自主意识，然后对自己的母亲越来越恭顺，越来越讨好。

奥地利心理学家、人本主义心理学先驱阿尔弗雷德·阿德勒就曾说：

> 在一个家庭中，如果母亲的角色富于权威性，对家里人始终有很强的控制欲，她的女儿很可能会变得刻薄、挑剔；她的儿子则更可能变得防卫心很重，战战兢兢、担心受到批评，并且尽量寻找机会对母亲恭顺。

无论是女儿还是儿子，如果他们变成阿德勒说的样子，试问，这是你想要的吗？没错，我猜你的理性已经告诉自己，**控制欲过强的爱，显然并不是爱。人们常犯的一个错误，就是试图以爱之名改造他人，但现实情况却又与人们期待的样子背道而驰。**

所以，**如果你已经感觉到自己的身体里经常有一股控制欲在涌动，也已经意识到自己的控制欲是个陷阱，会以爱的名义造成伤害，并能体会到这份切肤的痛苦，那么，这就是“控制控制欲”的一个极好起点。**

与此同时，我猜你内心的另一个声音会说：“其实我也不想有那么强的控制欲，但现实生活又逼得我不得不去控制，因为在这个家庭中，如果我不操心，家里的‘甩手掌柜’也很难操起心来。所以，**明明知道控制欲对孩子不好，但面对老公的不作为，面对孩子各种磨磨蹭蹭，‘催吼唠叨’也不管用，我根本就没有掌控感，只有选择成为自己母亲的翻版这一条路。尽管我深知其害处，尽量避免，但也总是会由于情绪失控，不由自主地表现出强控制欲。**”

我想说，这没有关系，因为**“后知后觉”已经比“不知不觉”强太多了**，而且，既然你已经读到了这里，就说明**你很勇敢，拥有直面自己控制欲的勇气和动机。**

斯坦福大学著名的提出人类行为模型的教授B.J.福格博士认为，**任何“行为”都由“动机”、“能力”和“触发”3个因子组成，即行为（Behavior）= 动机（Motivation）× 能力（Ability）× 触发（Trigger）**，动机、能力、触发这3个因子共同造成了一种行为的发生。

如果你有这样的“动机”，使用本书提供的解决问题的策略（“能力”），再通过一定的行为设计来增加“触发”，那么，任何一种好的行为都可以出现，并最终成为你的习惯。

在这本书里，我会和你分享许多读完就能立刻践行的策略。

比如马上要吃饭了，你让孩子来吃饭，可他就是坐在沙发上不动。你的控制欲大概率立马就被激发出来了。按照以往，你极有可能会走过去拿起遥控器，直接关掉电视；如果孩子把遥控器捂在怀里，你会一把拔掉电视的插头。

但，这样能解决问题吗？孩子会不会站起来和你说“我不饿”，然后就把自己锁在房间里呢？退回到这个场景的最开始，你该怎么办呢？

我把接下来的这种解决方案称为**“选择权策略”**。

你可以在饭菜做好前的 10 分钟说：“阿宝，你要在 5 分钟后吃饭，还是 10 分钟后吃饭呀？”

这时，孩子可能会说：“10 分钟后吧。”孩子觉得自己占到了“便宜”，而你则通过“选择权策略”不留痕迹地引导了孩子，帮助他做好了时间安排。

这就是母亲放下自己的控制欲（情绪），转而通过策略来解决问题的智慧。

这些行之有效的策略在这本书里还有很多。

本书分为 5 个部分。

01 直面控制欲，讲的是“为什么”。我会帮你厘清：控制欲的本质是什么？那些被过度控制的孩子会有些什么特点？你的孩子目前可能处于什么阶段？控制型父母的典型特征有哪些？我将和你一起由表及里、系统性地了解控制欲。

02 给自己松绑，讲的是“怎么做”。其中包含如何处理突然到来的想要控制的情绪，如何降低长期控制与现实矛盾带来的精神内耗，如何通过变换语言引导和说服别人，如何通过降低期待的策略提升亲子间的幸福感，等等。

03 控制欲“上头”十大场景，讲的是“应用”。其中包含你在面对高频困境时的具体解决方案，让你在面对孩子磨磨叽叽不学习、在学校被欺负，孩子的作业变成你的功课等具体的困境时，不用情绪，用好策略。

04 降低控制欲，讲的是“工具”。我会和你分享经过脑科学和心理学验证的 3 种实用工具，让你通过阅读就能习得和运用心理治疗师的“压箱底武器”。

05 高情商策略，讲的是“场景”。这次，我们将一起转过身，直面具有强控制欲的对手，你可以通过阅读这部分内容学会如何与他们舒服地共处。

是的，本书不仅会帮助你理解什么是控制欲，习得控制控制欲的能力，也会帮助你运用策略来完成自己与他人都乐于接受的过程并享受其结果。

最后，我想和你分享一个金句：父母之于孩子，应如灯盏，而非拐杖。

如果你也认同这句话，那么接下来就让我们开启这趟控制自己控制欲的旅程，一起成为指引孩子前行的灯盏吧！

何圣君

目录

03 控制欲“上头”十大场景

别用情绪，用好策略

04 降低控制欲
你需要的 3 种工具

05 高情商策略
如果你也在忍受他人的控制欲

01

直面控制欲

你在害怕什么？

为什么你总是想事无巨细地控制孩子？

曾有一部短剧《你的孩子不是你的孩子》风靡一时。在这部短剧的第一单元《妈妈的遥控器》中，单亲妈妈独自将男孩抚养长大，受尽了辛苦；与此同时，妈妈的性格十分强势，男孩的成绩每次只要稍有下滑，家里总免不了一场“腥风血雨”。

男孩想参加学校组织的毕业旅行，被妈妈拒绝了。万般无奈之下，男孩只能选择修改成绩单，想用漂亮的成绩让妈妈同意。但是没想到，这个错误的行为被妈妈发现了。

妈妈使用了神奇遥控器，把时间拨回男孩修改成绩单的那天，希望男孩主动认错。可是，**妈妈从没想过男孩为什么要修改成绩单。没有自己强势控制的“因”，哪有孩子心理扭曲的“果”**？

不仅如此，男孩认识了一个女孩，两人在一起非常开心。可女孩并不是妈妈喜欢的类型，妈妈又用神奇遥控器把时间拨回男孩认识女孩之前的那一天。最后，男孩忍无可忍，用“把命还给妈妈”的方式来表达内心深处的抵抗。

适度控制 vs 事无巨细地控制

这虽然只是个故事，但却诉说了“控制”这个家庭教育中不可回避的话题。

适度控制，比如在孩子年纪尚小、乱穿马路的时候紧紧拽住他的小手，或者限制孩子使用电子设备的时长，等等。这些都是父母责任心的体现，能帮助孩子免受伤害，防止他们蹉跎光阴。

但凡事皆有“度”，事无巨细地控制，比如干涉孩子穿哪件衣服、吃什么饭菜、看什么书、和谁交朋友、写什么日记等，则都是对孩子控制过度的体现。这样做，表面上看起来就如同父母经常说的那句话：“我都是为了你好。”但其实，这不仅会妨碍孩子的自我发展，而且会在焦虑和压抑的氛围下，给孩子造成影响一生的灾难。

可是，为什么很多父母总是想事无巨细地控制孩子呢？归纳起来，主要有以下 3 个原因。

原因一：缺乏边界感

心理学家曾奇峰有一个比喻：**悬崖的边界很清楚，所以我们不会靠得太近；但深水区与浅水区的分界比较模糊，所以经常会淹死人。**

究竟什么是边界感？它是指个体对自己和他人之间的界限的感知和理解，是“让你的事归你，我的事归我”。

杨绛先生在选择专业的时候，曾咨询过自己的父亲，但父亲却并没有告诉她该选什么，而是说：**“喜欢的就是性之所近，才是与你最相宜的，你应该选择你喜欢和有兴趣的。”**

后来，如你所见，杨绛先生选择了文学，并最终成为优秀的作家，留下了《走到人生边上——自问自答》《我们仨》《“隐身”的串门儿》等脍炙人口的著作。杨绛先生有一位有边界感的父亲，她是幸福的。

而反观很多父母，总是认为孩子和自己是一体的：不仅随意进入孩子的房间，偷看他们的日记或者微信聊天记录，甚至在孩子已经明显表现出反感后依旧觉得没什么大不了；在孩子面临填报中、高考志愿时更是变本加厉，他们生怕自己一身的经验被白白浪费了，于是轻则在孩子面前指手画脚，重则悄悄修改孩子的志愿（这是违法的！）。

国内知名商业顾问刘润曾说：没有边界感，即便长大了，也是一个“巨婴”。父母做出这样的行为，大概率没有恶意，只是因为缺乏边界感。

原因二：缺乏安全感

所谓安全感，是指个体对自身和周围环境的安全和稳定程度的感知和理解。具有安全感的人能对自己和周围的人和事物感到安全和信任，并能够适应和应对变化与挑战。安全感强的人不仅能自我肯定，表现出自信和自立，哪怕在压力和困难面前，也能随时保持从容和淡定。

相反，缺乏安全感的人则更容易感到焦虑、不安和恐惧，并且很难适应和应对变化与挑战。由于缺乏自我肯定和自信，他们对自己和周围的事物缺乏信任和安全感，并且在面对压力和困难时会感到无助和无能。

因此，**如果父母中的任何一方长期缺乏安全感，便会把自己内心对外部世界的不安投射到自己的孩子身上。**比如担心孩子遇到危险，因此做出过度保护的行为，不允许孩子太晚回家，一过晚上 8 点孩子还没回家就焦躁难忍，发起“夺命连环 call”；或者试图控制孩子的一切，孩子什么时候做哪门功课、可以休息几分钟，甚至今天有没有吃水果，都需要在自己的掌控范围内。

有着缺乏安全感的父母的孩子经常会受到来自父母的不稳定情绪的影响，久而久之，其自身也会变得焦虑，做任何事情都小心翼翼。

原因三：缺乏同理心

什么是同理心？它是我们理解和感受他人情感情绪的能力，也是父母在与孩子相处的场景中，控制欲望的重要能力。

比如孩子真的不愿意把自己的玩具或书分享给别人，父母却为了维持自己的颜面而故作大方，自作主张地把东西强行给他人；或者父母将孩子上了锁的日记本肆意撬开翻阅却觉得无所谓。如此为人父母者，就显然缺少对孩子的同理心。

而如果换作是具有同理心的父母呢？**他们能对孩子的委屈、痛苦感同身受，因此哪怕一时逾越了边界，他们也会立刻考虑退回去；当因焦虑不安、缺乏安全感而起心动念，想要妄加干涉孩子的行动时，他们的同理心也会立刻转变为一股相反的力量，令其悬崖勒马，阻止其说出强势的话语，勒令其停止做出可能对孩子造成伤害的行为。**

是的，客观上没有做到这些的父母，绝大多数皆因缺乏同理心，无法和孩子产生情感共鸣，更无法理解孩子的真实想法，任由边界感与安全感愈加匮乏，最终成为充满控制欲的父母。

最后的话

电影《教父》里有句台词：花半秒钟就看透事物本质的人和花一辈子都看不清事物本质的人，注定有截然不同的命运。这一节，我们一起了解了父母事无巨细地控制孩子的 3 个原因：

第一，缺乏边界感；

第二，缺乏安全感；

第三，缺乏同理心。

当我们能直击问题本质的时候，我们也就更可能找到解决方案。

被过度控制的孩子，是什么样的？

我们有时会在各类媒体上看到某地 10 多岁孩子自寻短见的新闻，这些孩子的人生才刚刚开始，他们却已经选择给自己的生命画上句号。

此类事件中，一些孩子经过消防员不顾自身安危的扑救才转危为安。问及原因，其中不少孩子坦言是因为受够了来自父母的妄加控制或感觉自己活得毫无价值，才一时想不开，想要轻生。

当然，走到这一步的孩子毕竟是少数，但在父母以爱为名的囚笼中，孩子因被过度控制而形成的四大心理问题也依然不容忽视。

问题一：自控力差

你家是否出现过这种情形？孩子在书桌前写作业，15 分钟前，他在做这道题；15 分钟后，他仍旧在做这道题。你蹑手蹑脚地走近一看：不得了！这小子居然偷玩平板电脑！

看到这个情景，一股无名火就从你的胸口冒了出来，你先是将他狠狠批评了一顿，接着只能拿来一把椅子，坐在他旁边监督他写作业，美其名曰“陪读”。

可是，你不知道的是，**正是因为你总是想着法儿地监督和控制孩子，他才总是在没有你的时间和空间里，悄悄猛干你不允许他干的事情。**

为什么？因为**自控力的本质是一个人面对内外部诱惑时，进行自我调节和控制自身行为与情绪的能力。只有当能力大于诱惑的时候，自控的行为才能发生。**

然而，家长的过度控制会增加一件事情对孩子的诱惑。这就好比一个人饿了 2 小时并不会觉得很饿，但如果饿了 20 小时都没能吃上一口东西，食物对他的诱惑就很可能会大大增加。

所以，过度控制的“因”，导致孩子的自控力变差，这是很多家长未曾料到的“果”。

问题二：失去自我

心理学家李玫瑾说：**“对孩子干涉太多、控制太多，最终会导致一个什么结果？就是‘你让我做什么我都不开心，但是我也**

不知道我想干什么'。"

是的，为了让孩子的课外作业显得更完美，我们看到太多学校的作业展示平台最后都变成了父母作品的秀场。与此同时，孩子略显稚嫩的作品在这个过程中被父母否定，孩子会因此产生一种被剥夺感，这就导致孩子不仅无法锻炼出独立完成任务的能力，甚至连去完成某件事情的兴趣也没了。

在面对人生重大选择时，控制型父母还总是以他们有限的认知去强制孩子选择他们认为最有前景的学科和职业，丝毫不给孩子发言和选择的机会。这么做同样会让孩子认为自己没有追求兴趣和梦想的权利，继而感到失落和无助。

在日常生活中，更多控制型父母还习惯批评孩子，鲜有鼓励和肯定，这也极有可能致使孩子怀疑自身的能力和价值，从而在无尽的批评声中失去自尊，失去自信。

没错，正如心理学家李雪说的那样：**"一个身体只能承受一个灵魂，如果父母的控制密不透风，孩子实际上已经精神死亡。"**

问题三：发展出讨好型人格

在控制型父母阴影的笼罩下，孩子还容易发展出讨好型人格。所谓讨好型人格，是一种倾向于迎合他人、顺从他人意愿、寻求他人认可的个性特征。

这种人格通常表现出过度关注他人需求和情感状态的倾向。有讨好型人格的人常常为了维持良好的人际关系而不惜牺牲自己的利益和需要。讨好型人格特征不仅会让孩子感到卑微，而且很可能会导致孩子缺乏自我主张和自我价值感，以致遭受他人的欺负和压迫。

我们都不希望自己的孩子在外面受到其他人的压迫，**但控制欲和高压的家庭氛围则可能让我们收获一个“习惯性讨好”的孩子。因为孩子觉得只有做出这类补偿性行为，父母才会快乐；只有对父母言听计从，自己才值得被父母爱。**

长大之后，孩子会把这种讨好型人格带入自己的工作中。你周围如果有那些每天帮同事买早饭、熬夜加班为同事做 PPT、在饭桌上被要求频繁敬酒喝酒的人，他们多半就有控制型父母。

孩子一旦形成了讨好型人格，将来很可能会产生严重的焦虑、抑郁等心理问题。

问题四：产生习得性无助

最后一个问题是我们最不愿意看见的：产生习得性无助。

习得性无助被称为“让人一事无成的魔鬼”。究竟什么是习得性无助呢？

1967 年，美国心理学家马丁·塞利格曼对狗进行过一个实验。实验人员把狗关进笼子里，只要蜂鸣器一响，就给狗施以电击。狗在笼子里躲避不了，只能发出呻吟。这个实验进行多次后，实验人员发现，只要蜂鸣器一响，哪怕笼子的门是开着的，狗不仅不逃，反而匍匐在地上，等待着电击的到来，默默承受痛苦。

1975 年，塞利格曼又以大学生为受试者，把电击换成了噪声。这次，实验人员把大学生分为 3 组。

第一组大学生只能默默忍受噪声，无论如何都无法关闭噪声。

第二组大学生也会听到噪声，但通过行动可以关闭噪声。

第三组为对照组，进行“穿梭箱实验”。这一组一开始没有听到噪声，大学生把手指放在箱子的一侧就会听到噪声，而放在其他地方，噪声就会停止。

之后，实验人员又安排第一组与第二组大学生进行了“穿梭箱实验”。结果发现，第二组大学生很快就学会了通过移动手指来关闭噪声，而第一组大学生则傻傻地把手指放在原处，忍受噪声污染。

是的，这些实验证实了习得性无助的存在。它是指一个人在

经历了许多挫折后，面对问题时会产生一种无能为力的心态。哪怕可以主动逃避痛苦，明明依靠行动完全可以解决问题，他也会由于无助、抑郁或者自我评价低下而选择“躺平”，承受痛苦，不做任何改变。

父母的过度控制之于孩子就好比“电击之于狗”“噪声之于大学生”。孩子在一次又一次的严格控制下，就有较大的概率产生习得性无助。

最后的话

被过度控制的孩子，其未来可能的结局都让人揪心：自控力差、失去自我、发展出讨好型人格、产生习得性无助。我相信，任何一种结局，一定都不是为人父母者希望看到的。

控制型父母的典型特征，你中了几条？

现在，你已经知道了过度控制孩子会造成严重的后果。那么，你目前的控制指数到底是多少呢？这一节，我们就从控制型父母的典型特征出发，来做一个自我测试，看看这些典型特征，你中了几条。

控制型父母的典型特征

以下场景是你在日常生活中可能会遇到的 25 种情况，试想自己处于所描述的场景中，每种场景后面都描述了你可能会有的反应，请你以该反应是否会发生在自己身上为依据，对它们进行打分，其中 1= 非常不符合，2= 不太符合，3= 有些符合，4= 符合，5= 非常符合。

1. 你们一家三口正准备出门参加朋友的婚宴，你发现孩子穿了一件花格子衬衫。

你会想：应该马上让他换一身正装。________

2. 你 1 小时前给孩子倒了一杯牛奶放在他的书桌上，现在你发现他还有 1/3 没喝完。

你会：立刻要求他喝完。________

3. 孩子躺在床上背单词，背了 20 分钟还是没有太大进展。

你会：严厉要求他坐在书桌前认真背诵。________

4. 家里来了客人，孩子坐在房间里写作业。

你会：把孩子叫出来，要求他礼貌地和客人打招呼。______

5. 孩子考了 91 分，兴冲冲拿着成绩单回家。

你会说：丢掉的 9 分去哪里了？赶紧把做错的题目整理到错题本上。________

6. 临近饭点，饭菜也都已经端上了餐桌，你喊了几声，孩子还坐在沙发上看电视。

你会：立刻冲过去，拿起遥控器把电视关掉。________

7. 晚上 9 点 30 分，孩子一边刷牙，一边跑到客厅和外公一起看电视。

你会：揪住孩子的耳朵，让他赶紧洗漱完毕，上床睡觉。________

8. 孩子的头发长了，你催他理发，但他想要留长发，并且告诉你，他们班上好多人都留长发。

你会：强行把他按在座位上，拿起电动理发器，他一边哭，你一边帮他理发。______

9. 你希望孩子跳绳锻炼，但他不愿意。

你会：吓他，和他说不锻炼的话将来长不高。______

10. 听说邻居的孩子演讲比赛得了第一名，而你的孩子则有些口吃。

你会：和孩子说这件事情，希望能纠正他口吃的毛病。______

11. 孩子最近迷上了写小说，每天都写到很晚。

你会：告诉他写小说的人很难获得成功，还是应该把注意力多放在学业上。______

12. 你和爱人经常加班到很晚，每次回到家发现孩子的作业完成度都很低。

你会：装一个摄像头，实时监控孩子到底在做什么。______

13. 孩子洗碗的时候不小心打碎了一摞碗，你听到声音，跑过去。

你会：对孩子一顿臭骂。______

14. 孩子面临高考志愿填报，你发现他填了考古学专业。

你会：要求他将志愿改成计算机、人工智能或者其他任何热

门专业。______

15. 孩子和同学出去玩，已经过了晚上10点了，他仍旧没有回家，也没有打电话回来。

你会：一个又一个地给他打电话，甚至有报警的冲动。____

16. 你和孩子吵架了，两个人谁都不愿意先向对方低头。

你会：让爱人去和孩子说，让孩子主动来给自己道歉。____

17. 孩子敞开的书包里躺着一封纸质的信件，一看就是异性写的，信封没有封口。

你会：打开信件看一看，再悄悄收好。______

18. 周末早上，孩子睡到8点还没有起床。

你会：催促他赶紧起床，如果他没有动静，你甚至会选择掀开他的被子。______

19. 孩子做了一个手工作业，第二天要交给老师，但你发现其中一部分有瑕疵。

你会：告诉他“要不别做，要不就做好”，逼着他把瑕疵部分改掉。______

20. 家里大扫除时，孩子的奖状不小心被打翻的脏水弄脏了，孩子大哭。

你会说：别难过了，没什么好难过的，奖状还可以再拿。____

21. 你发现孩子正在使用社交媒体软件，但他显然把你屏蔽了。

你会：要求他把你从屏蔽名单里移出来。______

22. 你感觉最近和孩子走得很近的同学有些“流里流气”。

你会：要求他不要和这种类型的同学接触，而要和成绩好的同学多来往。______

23. 孩子放暑假了。

你会：给他一张写满任务目标的作息表。______

24. 孩子想要去同学家写作业。

你会：问清楚他要前往的是哪个同学家，如果该同学你认为不怎么样，你会拒绝他的请求。______

25. 你发现孩子总是和异性朋友相处。

你会：严厉禁止孩子继续与之保持来往。________

控制型父母的控制程度与类型

以上这份典型场景化量表的分数结果从25分到125分不等，如果你的分数为 25 ～ 50 分，表明你的控制程度较低；如果你的分数为 51 ～ 75 分，说明你的控制程度尚可；如果你的分数为 76 ～ 100 分，说明你的控制程度已经比较高了；而假如你的分数大于等于 101 分，则表明你有极强的控制欲。

与此同时，控制型父母的具体控制类型也可以分为 5 种，分别是**时间控制、行为控制、情感控制、思想控制和社交控制**。

在上述场景中，时间控制程度高的父母会倾向于严格控制孩子的时间安排，包括严格安排孩子的日程表，所涉及的场景分别是：3、7、15、18、23。

行为控制程度高的父母则会对孩子的行为进行严格的控制和规范，包括规定孩子的行为方式、言辞、穿着等方面，所涉及的场景分别是：1、2、4、6、12。

情感控制程度高的父母会对孩子的情感进行控制，包括对孩子的情绪、感受、表达等方面进行干预和压制，所涉及的场景分别是：10、13、16、17、20。

思想控制程度高的父母偏好对孩子的思想进行控制，包括对孩子的观念、价值观等方面产生影响，所涉及的场景分别是：5、9、11、14、19。

社交控制程度高的父母会限制孩子与朋友的交往时间、监督孩子与谁交往、限制孩子参加社交活动的频率和持续时间等，所涉及的场景分别是：8、21、22、24、25。

你可以观察一下自己在哪种控制类型上的分数高于 16 分，这就说明你在该控制类型上的控制程度相对更高。

最后的话

正所谓：“知己知彼，百战不殆。”当你通过典型场景化量表了解了自己的整体控制指数和各种控制类型指数后，你对自己的控制欲就会产生警觉。当你下次在类似的场景中触发自己的控制欲时，你就能够当知当觉，从而为进一步降低控制欲做好准备。

02

给自己松绑

放过自己，治愈家人

你为什么总是出现突然猛烈爆发的情绪?

你有过对着孩子大声咆哮的经历吗？在你再也抑制不住自己而情绪猛烈爆发的时刻，你脑海里想的是什么呢？事后，当你情绪平复，你会不会为自己情绪爆发时所说的话、所做的事情感到后悔呢？

是的，情绪爆发时的你并不是情绪平稳状态下的你，因为彼时，你遭遇了情绪劫持。

情绪劫持

什么是情绪劫持？它是由美国哈佛大学心理学家，《情商：为什么情商比智商更重要》的作者丹尼尔·戈尔曼于 1995 年提出的概念。

情绪劫持，也叫杏仁核劫持，因为杏仁核是我们大脑中至

关重要的情绪处理器。在特定情景下，当杏仁核被外部刺激激活时，杏仁核就会充血，此时，杏仁核仿佛脱缰的野马，会导致掌管理性的大脑皮层被关闭，人很难清醒地思考，陷入直线而极端的思维中。

在远古时期，情绪劫持用来让我们的祖先在紧急状态下表现出战斗或逃跑的反应，继而发挥人体潜能，拔腿快跑，逃离猛兽的利爪；或者干脆殊死搏斗，以一股勇猛劲儿干掉猛兽。

然而，到了现代，在家庭教育的场景中，当我们想控制孩子，而孩子却“冥顽不灵”地反抗时，我们就容易陷入情绪劫持，当场和孩子发火，最后逐渐演变成一个暴躁的家长。

情绪侧写

每个人的硬件条件是不一样的，因此，有些人特别容易被情绪劫持，而另一些人则正好相反。《情绪：影响正确决策的变量》的作者，美国知名科学作家列纳德·蒙洛迪诺把人们的这种不同的硬件条件称为情绪侧写，它总共包含 4 类特质。

一是情绪临界点。我们常说一个人的笑点高、泪点低，其中的“笑点”“泪点”说的就是一个人的情绪临界点。很显然，容易被情绪劫持的家长通常情绪临界点也比较低。

二是达到峰值的潜伏期。一些家长的愤怒情绪来得特别快，比如听到孩子反驳几句，立刻就火冒三丈；而另一些人的怒气则是慢慢形成的，而且有时其怒气还没形成，事情就已经解决了。

三是情绪强度。少数人的情绪强度特别高，他们的情绪爆发力非常强；当然，也有人情绪相对稳定，可以“泰山崩于前而色不变，麋鹿兴于左而目不瞬”。

四是情绪复原力。这是指一个人的情绪出现起伏后，其恢复到基准状态的能力。孩子的情绪复原力是很强的，他们可能前一秒还在哭，但看到一个喜欢的东西后，马上就笑逐颜开了；但对少数家长来说，他们可能需要花很久时间，情绪才能重新归于正常。

对于经常遭遇情绪劫持的家长来说，情绪临界点低、达到峰值的潜伏期短、情绪强度高、情绪复原力弱是一种十分典型的硬件组合。

如何应对和改善情绪劫持？

现在，你已经理解了情绪劫持和情绪侧写，那么，具体要如何才能应对和改善情绪劫持呢？

从短期来看，家长可以选择采用 4 种工具。

第一种工具：觉察。觉察是刻意留意自己是否正在陷入情绪劫持。想要脱离情绪劫持的魔爪，则要有意识地去关注自己当下的情绪是否已经接近临界点。当你能觉察到自己的情绪水平时，你就仿佛在梦境中清楚自己正在做梦。此时，这份觉察就能让你获得一丝清明，继而让你控制住情绪，让它逐步远离临界点。

第二种工具：转移。很多时候，情绪是一种自动化的应激反应。在你觉察到自己正处于越来越受到情绪影响的过程中时，你可以刻意把注意力转移到自己的呼吸上，深呼吸 3 次后，再去和孩子进行接下来的沟通。短暂几秒的深呼吸能同时转移你自己和孩子的注意力，使双方的情绪都得到控制。

第三种工具：表达你的情绪，而不是情绪化地表达。什么意思？当你在和孩子沟通时，你感觉自己被激怒了，请在马上要提高嗓门、大声呵斥前，有意识地转变表达的方式。因为提高嗓门是一种情绪化的表达，而情绪会传递情绪，这种原始的行为会让孩子也陷入哭闹、耍无赖等不讲理的状态中，而该状态又会反过来进一步激怒你，让你的怒气值直逼临界点。但表达你的情绪则不同，你可以和孩子说自己“马上要生气”了，这种说法对孩子来说不是情绪的传递，而是理性的提醒，反而有利于你和孩子之间的沟通最终产生某种交集。

第四种工具：隔离。在你感到自己的情绪马上就要抵达被劫持的临界点时，请尽快以自己仅剩的理智远离现场，比如去其他房间休息一会儿，甚至去小区里走一圈，等自己的情绪复原到足以用理性驾驭时再回来。当然，“隔离”是你最后的压箱底工具，最好在不可避免的时候再拿出来使用。

从长期来讲，家长可以通过习得“成长型思维”来优化自己的情绪侧写特质。

斯坦福大学心理学教授卡罗尔·德韦克博士发现，人可以被归纳为“成长型思维”和“固定型思维”两类人。在前者的思想中，个人的能力是可塑的，任何人都能通过努力、学习和经验的积累而不断提高；而后者则觉得，每个人的个性是固定不变的，“江山易改，本性难移”，人们不会受外界影响，因此无法改变。

很显然，家长唯有先成为“成长型思维”的拥有者，同时接受这种观念，即虽然自身拥有目前的硬件条件，但就如同肌肉可以锻炼一样，通过努力学习和提升与情绪相关的认知，并把它们应用到自己的生活中，也可以优化情绪侧写的 4 类特质。

最后的话

家长之所以总是出现突然猛烈爆发的情绪，是由于人类情绪劫持的特性，情绪劫持发生的频次和强度与人们情绪侧写的特质相关，情绪侧写的特质包括情绪临界点、达到峰值的潜伏期、情绪强度和情绪复原力。

为了应对和改善情绪劫持，短期可以采用“觉察”“转移”“表达你的情绪，而不是情绪化地表达”“隔离”等工具；长期则可以通过“成长型思维”来优化情绪侧写特质。

最后，祝福你，从今天起，逐渐成为一个不容易被情绪劫持的家长。

长期精神内耗的父母，该如何放过自己？

我们经常在网络上看到“孩子不做作业，母慈子孝，连搂带抱；一碰作业，鸡飞狗跳，呜嗷嗷叫”的桥段；甚至还有父母在辅导作业的场景中被气到犯高血压，甚至中风。

虽然你的情况大概率没有网上描述的那么夸张，但你的“心理感受”很可能差不多。比如你上了一整天班，通勤时间也不短，觉得“身体被掏空了”，可回到家里，拖着疲惫的身躯，却还不得不继续“加班鸡娃”。一边是你想休息，却又看不惯孩子吊儿郎当、磨磨蹭蹭；另一边你又发现爱人吃完饭悠闲自得，跷着二郎腿刷着手机。一种焦虑感和不公平感油然而生。

对着孩子，你可以选择大骂一顿，把孩子弄哭；对着爱人，你也可以选择大吵一架，激怒对方。然而，你却在克制自己的情绪，因为你知道这样做于事无补。**但这种自我控制又消耗了你大量心理资源，当心理资源越来越不足时，你就处于内耗状**

态之中。

时间一长，你身心疲惫。是的，这种状态，就是精神内耗。

那么，长期精神内耗的父母，该如何放过自己？

精神内耗的原因

要解决这个问题，你首先要理解造成精神内耗的三大原因。

第一，框架错误。

框架错误，导致我们在错误的赛道上努力奔跑而不自知。比如之前各类教育培训机构总用一句话来刺激父母的痛点：别让孩子输在起跑线上。很多父母看到这句话后深以为然，纷纷不惜重金给孩子报班学习。

可是，在这个有关“起跑线”的框架中，到底蕴含着怎样的假设呢？没错，“起跑线”通常是短跑的重要影响因素，在短跑中，相差一米、两米对跑步成绩的影响十分显著。**可是，孩子的人生究竟是一场短跑，还是一场马拉松呢？**

如果孩子的人生是一场马拉松，作为父母，你还需要为几米的差距而如此焦虑不堪，继而耗费心理资源去克制自己的情绪吗？

第二，习惯比较。

如果你希望焦虑，那么就去比较吧。

比如你的孩子在这次期末考试中语文、数学、英语都考了95分，你觉得他发挥得还不错；可是，假如你知道了楼下邻居的孩子，做的是同样的考卷，三科都考了99分，你是不是瞬间就觉得3个“95分”“不香了”？

是的，**比较是人类贪婪的开始。因为比较，你会觉得自己的孩子还不够好，你的宽容度会降低，你的焦虑感会增加。比较，会加剧你的精神内耗。**

正如作家马德所说：“一个人总在仰望和羡慕着别人的幸福，一回头，却发现自己正被别人仰望和羡慕着。其实，谁都是幸福的。只是，你的幸福，常常感受在别人心里。”

第三，心理反刍。

如果孩子粗心了，你会不会揪着“孩子为什么会粗心？”的问题不放？他如果某次考试发挥失常，“孩子怎么会考那么差？”的疑问会不会总在你的脑海里闪现？

反刍，原本是指食草动物把胃中半消化的食物退回口中反复咀嚼。当你沉浸在“为什么”的疑问中无法自拔时，你同样会把早该被消化的念头不断拿出来反复思量。这就是典型的“心理反刍”。

心理反刍，不仅会不断强化负面情绪，还会把这些负面情绪扩散给你身边的人，让他们一遍遍地跟着你遭受身心折磨。

如何放过自己？

理解了造成精神内耗的原因，我们就能有针对性地解决它。

解法一：厘清框架。

就像我在前言里说的那样：父母之于孩子，应如灯盏，而非拐杖。

所以，**父母真正要做的，不是每天晚上舍弃自己的休息时间，陪在孩子旁边，控制和监督他学习，让他尽可能地在父母的扶持下，在起跑线上站得更靠前；而是帮助孩子爱上学习，唤醒他学习的原动力，引导他在学习的道路上发现乐趣，获得成就感，从而进入正向循环。**

在这一点上，我要特别感谢我的父亲。因为他从来就没有在学习上对我有任何苛刻的要求，这反而让少年时期的我成了自己学习的第一责任人。每次考试成绩差的时候，我自己就会进行复盘反思。在这种相对宽松的家庭环境中，我反而经常遇强则强，从原本落后的排名，逆袭为班级前三名、年级前二十名。

解法二：拒绝攀比。

法国文豪维克多·雨果曾说：“生活的累，一半源于生存，一半来自攀比。”

克制攀比的情绪，要比克制攀比后形成的精神内耗容易得多。所以，拒绝攀比，与自己和解，不被外界因素裹挟，也不活在其他任何人的期待里。这样，你不仅放过了孩子、爱人，更重要的是，也放过了自己。

解法三：导航思维。

什么是导航思维？

在高速公路上，如果你不小心驶入了一个错误的岔道，导航软件就会在交通法规的框架下，重新帮你规划路线，以当下为起点，寻找抵达目的地的最优路径。

是的，遇事时，每次都以当下为起点，不是进行“为什么”的心理反刍，而是进行“怎么办”的冷静思考，寻找最优策略，这就是导航思维。

你可能会说，问“为什么”是为了找到犯错的根本原因，如果不知道原因，何来改进？你说得没错，但与此同时，你在找到根本原因后，不应再一遍遍地审问，而应选择审视和思考“怎样才能在下一次遇到类似事件时，不再犯同样的错误”，这才更重要。

所以，用导航思维走出心理反刍，同样是你学会如何放过自己的核心策略之一。

最后的话

《也许你该找个人聊聊》中说：**痛与痛苦是有区别的，感到痛不是你的选择，但持续的痛苦，是你的选择。**

因此，为了从今往后能够摆脱精神内耗，我们一起理解了造成精神内耗的三大原因：框架错误、习惯比较、心理反刍。同时，我们也找到了相应的解法：厘清框架、拒绝攀比、导航思维。

期待你从此刻开始，与所有的精神内耗说“拜拜”。

换一种说法，你们就能达成共识

曾经有人做过这样一段分享：

小时候，每次她的妈妈都怕她感冒，所以就用很烫的热水给她洗澡。每一次，她都会抗议妈妈倒的水太烫了，但每一次，妈妈都无动于衷，并且说：“我试过了，一点也不烫，而且你洗一会儿，水就凉了。”时间久了，她学会了闭嘴，默默忍受很烫的水带来的不适感。

直到有一次，水温实在超过了她能忍受的极限，多年以来的委屈如同潮水一般袭来，她号啕大哭、彻底崩溃，不是因为这天的水太烫，而是因为长久以来被妈妈无视诉求的痛苦。然而，这次换来的依然是妈妈不以为意的回应：“有什么好哭的，再给你加点凉水不就好了吗？”

看到这一段，很多人说感同身受，也有人说看哭了，不过也有人说习惯就好。

那么多人的反馈说明什么？说明“我妈觉得不烫”并非个例，而是一种十分普遍的现象。

无视孩子需求的父母

父母为什么会无视孩子的需求呢？

答案是：**因为“换位思考”是一件很难的事情。**

百度前副总裁李靖曾经提出过一个“自我视角陷阱”理论。他发现，无论如何训练，人们都天然地无法站在别人的立场去思考，因为**“内在视角”本身就是人类多年进化出的天生直觉。人们在遇到事情时的第一反应是“关心自己，表达自己的感受”，而非“站在他人视角看自己”**。

我们来举个例子，请你想象这样一个场景。

你开着车在道路上行驶，前方由于出现交通事故，双行道变成了“单行道”，你和一辆出租车相向而行，你们都被堵在了路中央。

此时，你走下车，想要说服对方将车倒回去，你会怎么说呢？

“师傅，能麻烦你让一下路吗？”或者，“师傅，我正赶着去接孩子，麻烦你行个方便吧！”

是吧，你的第一反应很可能是从自己出发，你想表达你被堵住了，你很着急，你还要去接小孩。可是，对方也有自己的诉求，他会理你吗？

但如果你切换视角，选择关注对方的需求，则可以这么说：**“两辆车当中，只有您是专业司机。”**

你看，这句话是不是满足了对方的需求？因为很多出租车司机都因自己开车比别人专业而感到自豪。

好了，是时候回过头来审视我们是如何做父母的了。

孩子早晨起床起得慢。你说：“你快点！不要慢慢腾腾！”

孩子不愿意做家务。你说：“你做不做？我们家里不养闲人！”

孩子跌倒了，大声哭泣。你说：“男孩子不许哭，有什么好哭的！”

这些脱口而出的话，是不是都在表达我们自己的需求？当你说完这些话后，孩子听话照做了吗？是不是并没有？

因为你并没有正视孩子到底有什么需求，所以很自然地，你就像无法说服出租车司机倒车那样，也无法和孩子达成共识。

发光体 vs 黑洞

《改变人生的谈话》的作者黄启团曾经有一个类比非常形象。

他说："这个世界上有两类人。一类人，你在和他相处的时候会感到温暖，他能给你力量。与这类人一起生活，你会感到自己被关爱，也能体会到幸福感，这类人就像一个小太阳一样。"所以，黄启团把这类人称为"发光体"。

他提到的另一类人则正好相反，和他相处久了，他只要一接近你，你就会产生一种无力感，身上的能量也不知道跑到哪里去了，你感觉仿佛是遇到了宇宙中的"黑洞"。他会把你的一切能量都吸走，他也会把身边人折腾得遍体鳞伤。

在与孩子相处的过程中，遇到不合心意、影响效率的事情时，不少父母很容易就变身为"黑洞"，因为"黑洞"总是"以事为主"，习惯把焦点放在发生错误的地方，更爱挑毛病，却不太容易看到孩子做得好的地方。

而"发光体"则正好相反，在"发光体"的眼里，"人"永远排在"事情"的前面，"发光体"父母总能先看到孩子的需求，会把焦点放在孩子"做对"的事情上，并通过改变语言模式和孩子达成共识。同时，在具体的沟通中，"发光体"父母会有

3 个特点。

第一，说话时经常使用正向词，尽可能避免使用否定词。

为什么要这样做呢？因为人脑会天然地屏蔽否定词，经典实验——“别想一头白色的熊，千万别想”可以印证这一点。我相信此时你的脑海里一定已经出现了有一只白色大熊的画面。所以，在和孩子沟通的过程中，“发光体”父母也可以选择尽量多用正向词。比如孩子早晨起床起得慢，你可以说“昨天你起床就很利索呢”。没错，提醒会比吼叫更有爱。

第二，温和地表达自己的感受，并提出解决方案。

没有人喜欢和暴躁的人沟通，温和地表达自己的感受和诉求更容易获得孩子的接纳。比如孩子饭后不愿意洗碗，你可以说：“妈妈做饭做得好累呢，想休息一会儿。你是不是刚吃完饭也想休息一会儿呢？”孩子点头后，你再说：“那你打算休息 10 分钟再去洗碗，还是休息 20 分钟再去洗碗呢？”当我们说出了自己的感受，并提出具有选择性的解决方案时，孩子也就更容易承担自己的责任了。

第三，接纳孩子的需求和情绪，让孩子觉得我们懂他。

心理学家托马斯·戈登认为，不接纳性语言会将孩子从父母身边推开，让孩子不再愿意和父母交流。比如孩子跌倒了，大声哭泣，你可以说：“来，妈妈抱抱你。”是的，**父母无条件的爱**

是孩子脆弱时最坚实的后盾，内心充满爱的孩子将更有勇气去面对自己人生路上的挑战。

最后的话

某知名演员曾在一次采访中说起自己没有叛逆期，主持人问："是因为你比较懂事吗？"他说："是因为我需要的尊重和爱都已经在童年得到了，所以我不需要用叛逆来表达对父母的不满。"

当我们也能变成"发光体"父母，说话时经常使用正向词，尽可能避免使用否定词；温和地表达自己的感受，并提出解决方案；接纳孩子的需求和情绪，让孩子觉得我们懂他：我们和孩子完全可以达成共识。

为人父母者的顶级自律，是降低对孩子的期待值

《北京青年 × 凉子访谈录》中有一个真实的故事：一个女孩从小成绩出众，但母亲很少表扬她，而是不断要求她追求卓越，精益求精。

一次，她拿着 97 分的数学试卷回家，骄傲地宣布自己是全班第一，换来的竟然只是妈妈冷淡的询问："扣掉的 3 分去了哪里？"女孩瞬间崩溃。因为长期处于这样的环境中，她后来患上了抑郁症。

是的，这是很多父母的通病。他们总是期望孩子变成自己希望的样子，更好的样子——没有最好，只有更好！但家庭中亲子间的矛盾也多半源于此。

当父母对孩子总是抱有高期待时，家就不再是温暖的港湾，而成了压力之源。

幸福家庭的公式

俄国著名文学家列夫·托尔斯泰曾在《安娜·卡列尼娜》中写过这样一句话：**幸福的家庭千篇一律，不幸的家庭则各有各的不幸。**

人活着是为了获得幸福。孩子考取好的分数，进入更好的学校，找更好的工作，都是为了追求幸福的生活。那么，我们为什么不能让孩子在少年时代就获得幸福的生活呢？

你可能会说："如果现在安于幸福，那将来怎么办？如果现在没有期待，不督促孩子努力学习，那将来孩子再怎么努力都找不到好工作，会更不幸福。"这种说法真的对吗？我们姑且不论过度督促很可能会产生反作用，让孩子厌恶学习；而且事实上，现在的幸福并不会导致将来的不幸福。

为了让你更清晰地理解这一点，我们一起来看看来自美国经济学家保罗·萨缪尔森的**幸福公式：幸福 = 效用 / 期望值。**

从该公式可以看到，"效用"越高，比如孩子成绩越好，分子越大；但倘若你的"期望值"太高，则会导致分母变大，最终致使你所感知到的"幸福"减少。

换言之，在效用相同的情况下，一个人的期待值越低，他就越容易被满足，自然也越容易获得幸福。

比如我的儿子，有一段时间，他只要周末一有空，就在我的计算机上捣鼓一个叫Scratch的编程软件。因为我和爱人都不会编程，自然也插不上手。没想到几个月后，他们学校正好发起了一个青少年编程比赛，班上只有他一个人报名。结果，轻而易举地，儿子就拿到了校级三等奖。这还没完，他们老师又把他的作品申报到了区里参加比赛，没过多久，他又获得了一个区级三等奖。

是的，我们对他编程方面的学习从来就没有什么期待，甚至还和他达成一致：只有把作业做完了，才允许使用计算机“玩”编程。最后，孩子竟然拿回了一个校级奖、一个区级奖，都是颇具含金量的奖项。那一刻，我们整个家庭的幸福指数上升了不少。

你看，当你降低了对孩子的期待，你不仅在主观上减小了幸福公式中的分母；而且，由于没有人对孩子有这方面的期待，没有来自外部的压力，孩子自己就更容易产生内在动力，想方设法把自己的作品呈现得更好，最终增大分子。

“效用”提升，“期望值”降低，孩子在父母没什么期待的情况下，反而取得了令人欣喜的结果。

所以，与其每天对孩子充满期待，希望他精益求精，要么不做，要么就做到最好，还不如降低“期望值”，让意料之外的“效用”给你们的家庭带来额外的幸福感。

刻意练习，降低两种期待值

既然理解了为人父母应当降低对孩子的期待值，具体要怎么着手呢？在我看来，你可以设法刻意练习降低以下两种期待值。

第一，降低对孩子学习成绩的期待值。

有一金句：“**因上努力，果上随缘。**”在育儿场景中，这句话的意思是，为人父母者，更应该做的，不是期待孩子给你带回一张漂亮的成绩单，或者在孩子成绩单发下来后去苛责他；而是要自己多努力学习一些有利于帮助孩子提升各科目成绩的策略，比如“前馈学习法”“费曼学习法”“SQ3R 阅读法”等，学会如何给孩子减压，而不是加压。你习得这些技能，再回过头去赋能孩子，可以让他站在前人的肩膀上，使用事半功倍的学习技巧和减压策略在学习的过程中提升效能。（关于这部分的详细策略，你可以阅读我的另一本书《抢分》，帮助孩子有策略地成为更好的自己。）

第二，降低对孩子自控力的期待值。

父母与孩子经常会在诸如孩子“忍不住看平板电脑”“做作业时磨磨蹭蹭”“一看电视就忘记时间”等生活场景中发生冲突。一方是无法自控的孩子，另一方是控制欲上头的父母。正是由于父母对孩子自控力的高期待值与孩子自控力的低水平表现之间存在巨大沟壑，家庭中的负面情绪才会产生。

可是，很多父母并不清楚孩子为什么无法像成年人那样“管住自己”，更对自控力的本质没有清晰的认知。事实上，自控力作为一种控制冲动的能力，会受到人类大脑神经系统的影响。在该系统中，前额叶皮层和边缘系统是一对“双生子”。其中，前者负责管理、理性地组织、执行、推理和控制；而后者则负责感性的本能，比如饥饿、口渴以及减少消耗的行动等表现。

孩子之所以自控力不如成年人，原因就在于边缘系统在人类12岁时就已发育成熟，而前额叶皮层则在人类17岁时才发育健全，直至25岁完全成熟。所以，这在孩子的大脑神经系统中，就相当于前额叶皮层这个“小学生小朋友”在和边缘系统这位“大学生”拔河，边缘系统完胜！因此，当孩子不能自控的时候，父母可以选择多一些理解，降低期待值，通过“心平气和地引导”来代替“催吼唠叨”，这样就完全可以避免不必要的家庭争端。

最后的话

为人父母者的顶级自律，是降低对孩子的期待值。当你理解了幸福公式——幸福 = 效用 / 期望值；当你能降低对孩子学习成绩的期待值，理解和践行“因上努力，果上随缘”；当你能降低对孩子自控力的期待值，对大脑的边缘系统和前额叶皮层的发育情况有所认知，你们的家庭也必将和其他许多幸福的家庭一样，“千篇一律”地保持幸福！

家庭中的松弛感，到底有多珍贵？

在开始讲这部分内容之前，我想和你先做一个思想实验。

你们一大家人出国旅行，结果发现孩子的证件过期了，无法出境。此时作为父母，你会有什么反应？

之后，你的爱人决定陪孩子回家；但同时，所有家人的行李又都是挂在爱人名下托运的，以致统统被拉下飞机退回，你又会有什么反应？

有人说，这样的事情倘若发生在自己身上，很可能不是情绪失控，就是感到特别焦虑。假如自己是孩子的父母，很大概率会埋怨别人或自责为什么不提前办理新证件；如果自己是随行的长辈，虽未必会把不满挂在脸上，但至少会担心行李退回而造成的各种不便。

但如果我说这是一件曾经真实发生过的事情，而且这一家人在飞机上泰然自若，只是打电话同步了一下情况，并迅速安排好了行李的后续快递方案，你会不会感到特别震惊：为什么会有如此具有松弛感的家庭？！

松弛感的5个境界

什么是松弛感？

简单来讲，松弛感是一种保持轻松自在的情绪的自由状态。强烈的控制欲和它往往是一前一后的关系，控制欲带来的焦虑或压力属于身体的“应激反应”，而松弛感则是处理应激事件时你选择的态度，以及表现出来的能力。

一个人的松弛感水平从低到高可以分为5个境界。

第一境界，不知不觉。第一境界中的人可能从来不知松弛感为何物。他们浑身上下充满着紧绷感。在家庭场景中，他们只要一遇到不顺心的事情就容易陷入焦虑，也倾向于和孩子发生情绪冲突。比如他们要求孩子去倒垃圾，孩子不愿意，于是一场“家庭战争”就此展开。

第二境界，后知后觉。他们不一定听过“松弛感”这个词，但每次发完脾气后会感到后悔，也会进行自我反思。不过，他们被情绪劫持时，往往无法控制住发怒时的自己，经常会给家人造成伤害。

第三境界，当知当觉。当知当觉的父母已经处于比较高的水平了，因为他们能有效地觉察自己的负面情绪，并且克制住来自身体的应激反应，通过心理策略来及时调整自己的情绪，并在最后做出让彼此都舒服的举动。

第四境界，先知先觉。第四境界的父母都是活在未来的高手，当他们想要引导孩子去做正确的事情时，他们会在头脑中先做一番预演，接着在多种可能采取的方式中选择一种更有效果的方式去践行，从而真正实现无痕引导，让孩子觉得这是他自己做出的选择。

第五境界，无知无觉。无知无觉是松弛感的最高境界，这一境界的父母不悲不喜，面对应激事件宠辱不惊，犹如“闲看庭前花开花落，漫随天外云卷云舒”。本节开头故事中的一家人可能已经无限接近这一境界。

当然，你可能会说，有些人的松弛感是天生的，他们可能是天生“心大”，对什么事情都无所谓。事实上，更多人的松弛感其实可以通过后天训练习得。

如何习得松弛感？

虽然我们很难轻易达到第五境界，但要想不断提升自己的松弛感水平，努努力还是可以做到的。

从第一境界到第二境界。阅读本书的过程就是你松弛感意识的觉醒过程，当你认同追求松弛感是你个人的一个目标时，你就已经在主观上抵达第二境界了。

从第二境界到第三境界，这一步的核心是做好记录。做好记录是一个简单又有效的办法，你可以下载一个诸如印象笔记或者flomo（浮墨笔记）之类的在线记录类App；如果实在不习惯在线记录，也可以用一个纸质笔记本记录。每当你在事后意识到自己未能摆脱情绪劫持时，你就把这一次发生的事情记录下来，并且不时地进行翻阅，然后尽可能统计每周发生这类事情的频次。当你对这件事情以学生回家做作业般的态度来审视，它就能逐渐从你的无意识状态进入有意识状态，继而帮助你逐步从第二境界走进第三境界。做好记录并不难，只要你真正践行了，一般一个月左右就能形成习惯。

从第三境界到第四境界，你需要用好即时反馈。《思维黑客：让大脑重装升级的75个超频用脑法》的作者罗恩·黑尔-埃文斯曾经提到过一个行之有效的解决方案。罗恩会将一根橡皮筋戴在自己的手腕上，一旦发现自己无法控制情绪并说出过分的话时，就用橡皮筋狠狠地弹一下自己的手腕，每次实施后，他就能强烈地意识到自己的应激反应有失妥当，继而提升自己不被情绪劫持的能力。

通过多次实施，肉体疼痛的负激励会打断你的惯常行为，当打断次数变多时，在相似场景触发惯常行为前，你的大脑就会提前形成一种意识，让你在行动之前有所停顿，转而用沟通技巧去与孩子互动。具体的有关沟通技巧我们会在后面的内容中详细展开。

情绪自由

和本节开头的思想实验几乎一模一样，我也曾经经历过类似的事件。

有一年夏天，当我们一大家人准备前往英国旅行时，我们很早就出发前往上海浦东国际机场，但当我们把车停在指定停车场后，突然被管理人员告知：我们的航班是从上海虹桥国际机场出发的。

国际航班不都是从浦东国际机场出发吗？当拿出密密麻麻的全英文资料核对时，我们才发现自己想当然了，因为途中需要转机，所以本次航线为先抵达北京首都国际机场，再转飞伦敦。

看了一眼手表，我的内心是紧张的，但我提醒自己要保持松弛。随后，我们决定由我岳父驾车，立刻前往上海虹桥国际机场；同时，我和爱人在后排座位商量解决方案……

当我们把接下来两小时内包括停车、排队、出境等每一个可能耽误时间的点都想好预备对策并一一践行后，我们在飞机起飞时间前约 15 分钟坐进了机舱。

焦虑是本能，松弛是本事。这次旅行的插曲让我有一些小小的自豪。

最后的话

正所谓："欲成大树，莫与草争；将军有剑，不斩草蝇。"不被情绪裹挟，才是更高级的自由，这世间美好的事物那么多，山川河流、日照金山、星辰大海、诗和远方，每个都值得追寻。

所以，我们可以选择从此刻开始训练松弛感，不将有限的时间浪费在处理家庭场景里鸡毛蒜皮的小事上，而是不断提升自己的松弛感水平，让自己真正松弛下来！

好的亲子关系，自带边界感

曾有一则新闻引发了广泛的讨论：杭州一位 18 岁女孩因赖床不起，父亲一怒之下拍摄了一段短视频，并将其发到了家庭微信群里。如果你是这位女儿，你提出抗议时父亲却一脸不以为意，甚至表示“这还不是你不听话造成的吗？”，此时，你会有何感受？

心理学家武志红曾经说：**“很多中国式的家庭常常是共生关系，边界感模糊，我中有你，你中有我，陷入死循环。”**

这就造成很多父母越过了与孩子的边界线却不自知，而孩子又由于力量弱小或表达能力弱，无法将这种边界被侵犯的感觉准确地表达出来，这才导致亲子之间的关系出现问题，孩子长大后的生活也出现问题。

所以，为了让孩子拥有一个好的未来，也为了拥有好的亲子关系，你可以选择在以下 3 个方面筑起边界感。

警惕"心理控制"，筑建心理边界感

有句话是**幸福的人用童年治愈一生，不幸的人用一生治愈童年**。

1965年，心理学家施艾弗通过大量调研和收集父母的教养行为，首次提出了 "心理控制"(Psychological Control)的概念。施艾弗认为，心理控制是衡量父母养育质量的一个重要维度，这种侵入式的家庭教养行为会严重阻碍孩子的心理发展，有极大可能致使孩子拥有一个不幸的童年。

典型的心理控制有4种方式。

第一种，限制表达。这主要体现在：不允许孩子说话，而是自己滔滔不绝地疯狂输出；总是打断和主导谈话，将自己的观念强加在孩子身上；做得隐秘一点的父母，虽然在假装倾听，但却摆出一副对孩子的话题"不感兴趣"的敷衍姿态。

第二种，内疚感引导。这是指通过引发孩子的内疚感来对孩子进行控制。比如："你看因为你考得不好，你爸爸的高血压都犯了。"又如："你这种做法，让我和你妈妈怎么在老师面前抬得起头？"

第三种，撤回爱。这也被称为"有条件的爱"。倘若孩子的表现没有达到父母的预期，父母就表示"不要你了"或者"不再喜欢你了"。这种撤回爱的方式，很容易导致孩子感觉自己不值得被爱。

第四种，不承认情绪。孩子骑自行车摔了一个跟头，疼得流下了眼泪。有些父母非但不关心孩子的伤势，还在旁边轻描淡写地说：“有什么好哭的。”

以上这些心理控制的方式都可能让孩子逐渐变得沉默寡言，无话可说，不敢反驳。这也将逐渐内化成孩子日后的情绪问题，让孩子即使在成年后也容易焦虑、抑郁。

小心“共生吞没”，筑建空间边界感

什么是共生吞没？“共生”，原指两种不同生物之间所形成的紧密互利关系。在家庭关系中，“共生”则是不同的家庭成员之间形成的紧密互利关系。**适度的家庭共生是必要的，是亲子之间的纽带，但不少父母对孩子有过于强烈的共生需求，这就会导致孩子的生命力在客观上遭受父母的吞没。**

比如有的孩子明明已经上了寄宿制高中，但妈妈对孩子依旧十分依恋，每天不和孩子打几个电话、进行一次视频通话就会浑身难受。如此一来，孩子不仅被耽误了大量学习时间，还可能被周遭的同学嘲笑为“妈宝男（女）”。

又比如有些孩子已经成年了，却仍旧会和妈妈（或者祖母）

挤一张床；一些家庭5口人使用的都是同一个牙刷杯，洗澡也用同一条毛巾；更夸张的是，接近成年的女儿明明坐在马桶上如厕，爸爸却若无其事地到洗手间里剃须。

这样的家庭就存在着太多的“共生吞没”，家庭的“共生”消除了成员之间的差异，使他们融合成了一个人。从这样的家庭中走出来的孩子，要么因抗拒“共生吞没”与家庭成员发生激烈的对抗；要么就在“共生吞没”中真正地被吞噬，长大后可能拥有比较严重的恋父或恋母情结，继而在亲密关系中更容易遭遇危机。

拒绝“包办父母”，筑建能力边界感

能力边界感更容易被忽视。

很多家长的第一反应是：学生的主要任务是学习。这句话原本没有错，但当“主要任务是学习”变为“唯一任务是学习”的时候，孩子就会由于“包办父母”（有时是“包办祖父母”）没有能力边界感，在生活上接受过度的“关怀”，以致除了“做题能力出众”，其他能力丧失殆尽。

已故“天才少年”魏永康的案例就让人扼腕叹息。魏永康13岁时考上湘潭大学读本科，成为当时湖南省年龄最小的大学生；17岁时又考上了中国科学院的硕博连读研究生。但由于生活自理能力太差，同时知识结构也不适应中国科学院的研究模式，他最后被学校劝退。

魏永康从“东方神童”到被劝退回家，最后悔的莫过于他的母亲。因为从小到大，其母为了让儿子专心读书，不仅包揽了端饭、洗澡、洗脸在内的一切事务，甚至在魏永康读高中的时候，其母还在给他喂饭。来到北京读书后，身边突然没了母亲的照料，魏永康的生活完全不能自理。某年冬天，魏永康身着单衣、趿着拖鞋逛天安门，周围的游客都视他为怪物。

《基业长青——企业永续经营的准则》的作者之一，管理专家吉姆·柯林斯曾说：“最杰出的企业家，追求制造时钟，而非成为报时人。”同样，高水平的父母也会在亲子之间筑建能力边界感，授孩子以渔，而非授孩子以鱼。

最后的话

好的亲子关系，自带边界感。当你能警惕“心理控制”，有意识地避免 4 种典型的心理控制方式，筑建心理边界感；小心“共生吞没”，觉察和控制自身的“共生”需求，筑建空间边界感；拒绝“包办父母”，授孩子以渔，而非授孩子以鱼，筑建能力边界感：你也能成为优秀的父母。

教育的最高境界，是唤醒孩子的内驱动力

如果你去采访一些超级学霸，其中不少人会说，自己小时候并不爱学习，甚至就是小“学渣”。但他们后来都逐渐拥有了内驱动力，接着仿佛装上了小马达一样，拥有源源不断的前进能量。

曾有教育博士说：“天赋也好，家庭环境也罢，真正推动一个孩子不断努力、持续进取的力量，其实正是他们后天被唤醒的强大内驱动力。”这也是教育的最高境界。

那么，到底怎样才能不靠控制手段，让孩子心甘情愿地做事呢？如何才能唤醒孩子的内驱动力呢？

内驱动力

什么是内驱动力？在详细地说明这个概念之前，我想请你先

来做一个思想实验。

请想象你和爱人刚吃完饭，你正准备站起来收拾碗筷，你的爱人便说："对，站起来把碗筷收拾了。"

你把碗放进洗碗槽，爱人又追过来，伸出一根手指，指着一块绿色的洗碗用品："来，拿这块海绵，用洗洁精洗。"

你洗好碗，正打算把洗干净的碗放进碗柜，爱人又在你面前指手画脚："放到碗柜最左边，等一下，没放整齐，拿出来重放！"

到这里，你脾气再好，恐怕都忍不住抓狂，甚至想把一整摞碗塞到他手上，撂下一句："你行你上，要整齐，你自己放。"

你看，原本在洗碗这件事情上你是有内驱动力的，但旁边有个人总是指挥你这样做那样做，你就会产生一种反感情绪；多来几次，你甚至连做都不想做了。

人，无论是大人，还是孩子，都是有情绪的。

一个人的语言和行为激起的情绪，正在消弭甚至摧毁另一个人的内驱动力。

现在，让我们回到内驱动力的概念。从专业角度来讲，内驱动力是指在有机体需要的基础上产生的一种内部推动力，换成通俗的语言，就是这股推动力完全来自自己。比如饿了想吃，渴了要喝水，看到地上有污渍就觉得不舒服、想要找一张餐巾纸去擦干净，这些都来源于内驱动力。

可是，内驱动力一旦被外部力量裹挟，人一旦被强制要求执行，哪怕一开始自己也打算这么做，但由于受到了外部干扰，尤其在丧失自主选择权的情况下，内驱动力就会丧失。

比如你平时可能会这么对待孩子：看到他在看电视，你就叫他现在就去做作业，“立刻，马上！”；见到他写字歪歪扭扭，你命令他擦掉，“重写！”；他如果没有行动，你会一把抓过橡皮，把字用力擦掉，然后指着刚才被擦干净的地方，大喊“快写！”。

结果，孩子一咧嘴，哭了。接下去的一段时间就会浪费在“文斗”上，有时还会升级为“武斗”。由此，孩子的内驱动力就是在“自主选择权被严格管控”的情景下越来越少，逐渐“凋零”。然而，许多父母很可能并不自知。

如何唤醒孩子的内驱动力?

想要唤醒孩子的内驱动力其实并不难，有两种简单的策略非常有效。

策略一，践行“选择权策略”，给孩子选择的权力。

比如马上要吃饭了，你让孩子来吃饭，可他就是坐在沙发上不动。你的控制欲大概率立马就被激发出来了。按照以往，你极有可能会走过去拿起遥控器，直接关掉电视；如果孩子把遥控器捂在怀里，你会一把拔掉电视机的插头。

但，这样能解决问题吗？孩子会不会站起来和你说“我不饿”，然后就把自己锁进房间里呢？退回到这个场景的最开始，你该怎么办呢？

我把接下来的这种解决方案称为**“选择权策略”**。

你可以在饭菜做好前的10分钟说：“阿宝，你要在5分钟后吃饭，还是10分钟后吃饭呀？”

这时，孩子可能会说：“10分钟吧。”孩子觉得自己占到了“便宜”，而你则通过“选择权策略”，不留痕迹地引导了孩子，帮助他做好了时间安排。

策略二，践行“连接策略”，让孩子与你希望引导的目标产生连接。

以我自己为例。以前刚上初中的时候，我的作文写得蛮差的，不过有一次写周记，班主任说我的文风有点像《围城》的风格。正好有一次我看到书店里有一本《围城》，翻开第一页就看到作者介绍：钱锺书，生于1910年11月21日。这位作家居然跟我同月同日生！

从此以后，我不仅爱上了《围城》，而且每当对写作文产生畏难情绪的时候，总有一个声音会告诉我：“大作家都和你同月同日生，写一篇作文有什么好怕的？”

高中时，我又偶然发现法国文豪伏尔泰竟然出生于 1694 年 11 月 21 日，这又增强了我写作文的内驱动力。

结婚后，我有了儿子，他刚开始接触作文的时候，畏难情绪比我小时候还强烈，然后我就找了个机会告诉他，“中国现代有位特别厉害的作家叫张爱玲，她和你同月同日生。”

这个“名人生日”的“连接策略”明显让儿子在心理上获得了内驱动力，这让他遇到以前最头痛的作文时也有了更强的心理能量。从此，他不仅不再害怕写作文，而且还开设了自己的微信公众号，写下了《我和大蓝的一天》《我最喜欢的食物》《国宝大熊猫》等文章，其中《我和大蓝的一天》阅读量超过了 10 万次，这让儿子在获得正反馈后对写作这件事情更喜爱了。

事实上，只要在网上输入任何一个日期，都能找到一个和自己同月同日生的名人。当你的孩子遇到困难时，你把和孩子同月同日出生的名人及其相关事迹告诉孩子，或许就能让孩子获得心理能量，这种心理能量能在很大程度上帮孩子找到某个方面的内驱动力。

最后的话

内驱动力作为一种由内而外产生的动力机制，容易受到外部力量的干扰。一旦外部力量对孩子指手画脚，剥夺了孩子的“选择的权力”，内驱动力也会逐渐消失。

要唤醒孩子的内驱动力有两种策略。第一，践行“选择权策略”，把选择的权力交给孩子；第二，践行“连接策略”，让孩子与你希望引导的目标产生连接。希望你今天就开始尝试践行这两种策略，从此唤醒你的孩子的内驱动力。

内心焦虑，是因为缺乏认知

很多父母都会陷入内心焦虑的旋涡：他们见不得自己的孩子太闲。以前，他们是报各种培训班；现在，他们则是买各种课程，以此来“充实”孩子的业余生活。

尤其是在微信朋友圈看到好友的“牛蛙孩子”后，他们更是为自己塞满孩子的空余时间找到了充分理由。可是，这样做真的对吗？父母的努力是否真的获得了效果呢？

以终为始

很多时候，父母想要帮助孩子进步的心是好的，但如果缺乏认知，再好的出发点也只会办糊涂事，因为在很多父母的头脑“操作系统”中，缺乏“以终为始”的思想。

什么是以终为始？这个词出自史蒂芬·柯维的《高效能人

士的七个习惯》。在育儿场景中，**它是指父母在计划采取行动帮助孩子之前，需要先在脑海里酝酿，然后进行实质创造，换句话说，就是先想清楚目标，再努力实现它。**

比如父母决定给孩子买一门线上课程，在买之前是否确认过，这门课程是否是孩子需要的以及他为什么要上这门课程呢？我曾问过一些父母，他们买课和报班无非出自如下 3 个误区。

第一，其他孩子都在上课，自己的孩子也不能落后。这是典型的从众心理，但遵循了从众心理的父母一定没有思考过：如果这门课程其他孩子都上，孩子有何独特优势可言？

第二，某名人推荐，一定是一门好课。因名人大咖推荐而买单的父母则犯了屈服于权威心理的错误。的确，名人说的话会让人觉得有说服力，但这也并不是父母为孩子买课和报班的理由。

第三，父母小时候有未竟梦想，希望下一代实现。最典型的是钢琴梦这类梦想，父母小时候家里没有条件学钢琴，现在物质条件好了，希望自己的孩子考一个钢琴十级证书，圆自己未竟的梦想。然而，这样的父母却很少去想，这究竟是自己的人生，还是孩子的人生？

而从这 3 个误区里走出来的策略就是“以终为始”，**因为对于做一件事情，“为什么”比“怎么做”更重要。**比如为了帮助孩子发现自己的天赋，让孩子去接触各种课程，看他对哪一门课程感兴趣；又如为了让孩子在将来的中、高考中获得更高的英语分数，有机会考入双一流高校，让孩子不断地提高英语词汇量。

父母只要做到“以终为始”，真正占用的孩子的时间其实会比盲目安排少很多。这样一来，孩子的压力也小，你也能真正为孩子的将来铺路。

分解践行 3 步走

厘清了“以终为始”的目标，接下来就是和孩子一起讨论，如何通过目标分解的办法分解这个目标，把它变成一个个可以每天执行的小目标。

我们以提高中、高考成绩，积累英语词汇为例，父母可以在充分获取孩子认同的情况下与他一起分解某个学期的目标。

比如假设六年级英语一个学期的大纲词汇量是 270 个左右，那么将其分解到一个季度的 90 天内，每天只要背 3 个单词就能实现这个小目标了。当然，由于新背的单词容易被遗忘，所以有策略的父母可以结合艾宾浩斯遗忘曲线，与孩子一起制订对前一天背的单词的复习计划。接下来的任务就变得很简单了，孩子只要每天根据自己参与制订的计划进行，英语水平就不会太差。

又如很多人都知道，跳绳是促进孩子青春期发育的一项良好运动。但孩子很懒，不愿意跳绳，怎么办？有策略的父母可以和孩子一起商量如何对抗惰性。当然，在此之前，父母自己可以先做一些功课，并在交流的过程中对孩子进行引导。这个过程可以分为 3 步。

第一步，共情。父母可以说："你知道运动对长高有好处，但每天上学就已经很累了，于是不太愿意动了，对不对？"这时，孩子很可能觉得你懂他，于是愿意与你就这个话题继续展开对话。

第二步，试错。父母可以先抛一块"砖"，用来"引玉"。比如父母可以说："如果你觉得一个人跳绳没有动力的话，妈妈或者爸爸可以和你一起跳，你觉得怎么样？"在你的这块"砖"抛出来后，有些孩子会接，觉得这样安排不错；但有些孩子会觉得哪怕父母陪练也还是没有动力。

这时，你可以继续"试错"，比如你问他："要么我们一起来制订跳绳计划，什么时间跳，每次跳多少下，都由你来定，怎么样？"此时，由于制订计划的权力掌握在孩子自己手上，他的积极性大概率会被你调动起来。

不过，我猜你可能会担心他制订的计划不合理。比如每天晚上睡觉前跳 2 下，这样目标不是依旧达不成吗？如果他真定了这么个小到不可思议的目标，我要恭喜你！因为这是一个"微目标”，它能有效地让人克服惰性阻力，真正地行动起来。而且，当你和孩子真的一起行动起来后，惯性就会让你们不止跳 2 下，而是会继续跳更多下。

退一步讲，哪怕某一天孩子真的只完成了“微目标”的量，这仍旧是一件好事情。因为在完成“微目标”的过程中，完成目标的成就感会在孩子的脑中留下烙印，这样的烙印多了，行动就会逐渐变成一项习惯。而一旦习惯养成，它就如同每天起床后不刷牙就会感觉难受一样，变成一件孩子每天都会主动去做的事情。此时，离实现你们共同的目标也就不远了。

第三步，践行。正所谓“流水不争先，争的是滔滔不绝”。当你和孩子能就某个目标达成一致，并日拱一卒地开始践行后，量变终将引起质变。微小的改变就如同嫩芽，会在以后的岁月里逐渐地成长为参天大树。

最后的话

父母可以为孩子铺路，但请不要盲目安排。在进行一项计划前，请确认自己不是因为从众心理，不是因为权威效应，更不是为了圆自己少年时代未竟的梦想，而是真正“以终为始”地为孩子的将来考虑。这样，你不仅不容易焦虑，而且也并不会占用孩子过多的时间。

同时，为了让计划变成现实，你也可以根据分解践行 3 步走，与孩子共同制订行动计划，并把计划落实为每天的行动，最终获得你们最初想要的结果。

真正成熟的父母，都知道如何接纳

你可能经常会看到一些文章中写道："接纳孩子的不完美，是天下父母的必修课。"这些文章引经据典，词句优美，让你看完后不禁感叹，的确，"接纳孩子"这件事情很重要。

可是，究竟要如何接纳呢？自己内心的情绪有波澜时，虽然明明知道"要接纳"，可又偏偏不知道该"如何接纳"，这简直就是要憋出"内伤"。

本节，我们就从 3 个策略入手，掌握"如何接纳"，成为真正成熟的父母。

策略一：很正常，没什么

"很正常，没什么"，这是一句内心的独白。当你在和孩子的沟通场景中发现控制不住自己的控制欲时，这句独白能迅速地给你一丝清明，帮你平复情绪。

比如孩子有一件东西找不到了，这是时常会发生的事情。他跑来向你寻求帮助，你告诉他你在某个抽屉里看见过。几分钟后，他又哼哼唧唧说还是没找到。

此时，你的不耐烦情绪大概率已经起来了。如果你选择顺应自己的情绪，任其发展，你可能就会说“你看你，每次东西都不知道放好，这下找不到了吧，正好给你长长教训”；又或者你可能在心里埋怨他并没有好好找，他可能存在一种依赖心理，那你们会陷入另一种情绪矛盾。

但此时，如果你对自己说一句“很正常，没什么”，因为自己也时而会发生找不到东西的情况，这时，你的心境就会发生变化。毕竟，根据统计，哪怕是一个职场人士，一年花在找东西上的时间也有 150 小时左右，用每个工作日工作 8 小时来计算，每年也有将近 19 个工作日都在找东西。更何况，他还只是个孩子。这样一想，你是不是就更容易接纳孩子的这个缺点了？

所以，学会告诉自己，在小事上犯错，“很正常，没什么”。

策略二：无条件的积极关注

无条件的积极关注是一项心理学策略，它由美国心理学家罗杰斯首次提出。在育儿场景中，这种策略要求父母**以积极的态度看待孩子，对孩子的言语和行为的积极面、光明面给予有选择的关注，利用他们自身的积极因素促使他们发生积极的变化**。

这样讲有些抽象，我举个例子你可能就明白了。比如一个孩子写字写得很慢，如果你是他的父母，发现他习惯“看一个字写一个字”，可能就会忍不住指出他的写字方法有问题。这时，你可能忍不住去纠正他，和他说：“你要看一句写一句，而不是看一个字写一个字。”这时，有经验的父母大概率能预测到：孩子会马上产生一种反弹式的抗拒反应，又或者他嘴上不说，但依旧我行我素。

但如果你换一种方法，采用“无条件的积极关注”策略，你就可以在某一次孩子写字稍快一些的时候，选择性地抓住这次机会，并及时给予肯定，然后再提出：“你目前的这个方法是可以的，与此同时，我还有一个效率更高的办法，那就是看一句，把它记在心里，再把它写下来。”通过使用这种策略，孩子接受你的建议的概率会更高。

在这里，有两个关键。

第一，避免使用“你要”。我们在说“你要”的时候，通常都是从“事情”的本身出发，却从未顾及孩子的感受。在“你要”的驱使下，孩子会觉得自己就是一个工具，在被你操纵，会感到特别憋屈和难受。

第二，避免使用“肯定 + 但是”的句式，而是使用“肯定 + 与此同时”的句式。“肯定”是你在这次行动中找到的他身上的闪光点，可一旦加上了“但是”，闪光点就会被抹去；而“与此同时”则不同，它是在闪光点的基础上进行的叠加，在这个语境下，你给出的“更优方案”才更容易被接受。

策略三：3 步接纳孩子的情绪

心理学家武志红曾说，他有一句非常喜欢的话：“自体都在寻找客体，我永远在寻找你。攻击性，就是我在寻找你时的动力。”

在这里，攻击性就是情绪。孩子虽小，但也有情绪。**负面情绪是一股黑色能量，正面情绪是一股白色能量。当父母学会了如何接纳孩子的负面情绪，孩子的黑色能量就能转化为白色能量。**

比如有一次，我听到爱人和儿子为了始终背不下来一篇英语课文的单词陷入了情绪之争，两个人大声吵架。没一会儿，他们从其他房间一路吵到我所在的书房。我看到两个人都很激动，儿子在不住地抽泣。

我先安抚妻子，然后和儿子说："阿宝，你背不出英语单词，自己也很着急，对吗？"他点了点头。我继续说："我知道你现在情绪很激动，你觉得需要 10 分钟还是 15 分钟可以让自己的情绪平复下来？"他一边哭一边断断续续地说："大概，大概 15 分钟吧。"我说："好的，那我们 15 分钟后再一起看看这篇课文的单词怎样才能更容易地记住吧。"之后他就在我旁边继续哭，哭声越来越小，等过了差不多 15 分钟，我感觉他的情绪平复了，然后我俩一起进行头脑风暴，运用了谐音法，把他觉得总是背不下来的单词给背了下来。

拆分整个过程，我一共运用了 3 个步骤接纳孩子的情绪。

第一步：共情。说出他当下的情绪状况可能是什么。

第二步：给时间。任何人的情绪平复都需要时间，尤其是孩子，他们摆脱负面情绪的时间可能更久。很多控制型父母总是期待孩子能突然平复情绪的想法，其实是天真的一厢情愿。

第三步：解决具体问题。我们一直听说：先解决情绪问题，再解决具体问题。你在用前两步解决了情绪问题后，再利用成年人更丰富的经验，帮助孩子解决具体问题。如此，你就能在这整个过程中，通过接纳孩子的情绪，将孩子的黑色能量最终转化为白色能量。

最后的话

真正成熟的父母都知道如何接纳，具体的接纳方法也并不复杂。

第一，习惯在孩子因小事犯错时，用“很正常，没什么”给自己的情绪松绑。

第二，以积极的态度看待孩子，对孩子的言语和行为的积极面、光明面给予有选择的关注，利用他们自身的积极因素促使他们发生积极的变化。在沟通时，尽可能避免使用“你要”；并且经常用“与此同时”来代替“但是”。

第三，接纳孩子的情绪需要使用 3 步法，即“共情、给时间、解决具体问题”，把孩子的黑色能量转化为白色能量。

父母真正的优雅，是把权力还给孩子

网上有一句梗：有一种冷叫作“我妈觉得我冷”。

初听，我感觉这只是一句玩笑话。但当自己真正从子女的角色转变为父母后，每当看着孩子在家里只穿着一件贴身秋衣坐在书桌前做功课时，我自己有时都会忍不住想开口让孩子添一件居家服。

是的，无论是“我妈觉得我冷”，还是“我觉得孩子冷”，这些都是父母对孩子的爱护，担心孩子生病着凉。但从孩子的视角来看，这却是对他们“真实感受”的否认。

而当父母的“觉得”和孩子的“真实感受”起冲突时，亲子间“权力的争夺”就开始了。

权力的争夺

什么是“权力的争夺”？这是亲子之间经常发生的情况。在某些特定的时刻，你持有一种意见，孩子则持有相反的意见。当你们双方谁都不愿意屈从于对方时，一场权力的争夺就此展开。

在育儿场景中，权力的争夺初期可能是观点与观点之间的碰撞，而到后期则往往会演变成父母与孩子之间的情绪之争。当双方发生情绪之争后，尤其对孩子而言，哪怕你的推理再严密，道理再正确，他都不会选择听你的。而且当父母用“强权”强迫孩子服从时，孩子还可能会采取报复手段。

有些报复手段是显性的，比如提高嗓门，故意把东西打翻，男孩子可能会用胳膊肘把门砸坏，用拳头猛击墙壁直到手指关节出血；有时当你和孩子发生肢体冲突，孩子也会夺走你手上的“武器”，并破坏它。有些报复手段则是隐性的，比如孩子把自己锁在房间里，吃饭的时候也不出来，或者背着你饮酒、抽烟。

是的，权力的争夺经常会把孩子推向父母的对立面。少数情节严重的叛逆小孩会出现离家出走，甚至企图自杀的情况。

4 个步骤避免权力的争夺，真正把权力还给孩子

就像我们在之前的内容中提到过的，孩子控制理性的前额叶皮层尚未发育完全，而前额叶皮层早已成熟的父母自然更理性。所以，与其陷入权力的争夺，把孩子变成越来越叛逆的娃，还不

如做优雅的父母，把权力还给孩子。

具体要怎么“还”才能有效果呢？下面我来说说“优雅还权”的 4 个步骤。

步骤一：保持冷静。

在面对孩子可能的权力的争夺前：千万别上头，千万别上头，千万别上头！重要的事情要说三遍。毕竟，我们是前额叶皮层更发达、更理性的成年人，这是我们的优势。

当然，如果一旦发现自己的情绪开始有起伏了，在回应孩子前，刻意进行停顿是一个绝妙的办法。有一句话我特别喜欢：**刺激与回应之间存在一段距离，成长和幸福的关键就在那里**！当你找到那段距离，刻意进行一次停顿，你完全有机会不被情绪左右，成为更理性的父母。

步骤二：进行用“我”开头的表达。

冷静做到了，接下来就是进行用“我”开头的表达。为什么要用“我”开头，而不是用“你”开头呢？我们以孩子只穿了一件贴身秋衣在书桌前做功课、你担心孩子着凉为例，请以孩子的视角感受一下这句话：“你怎么只穿秋衣做作业？这样会感冒的。”这是不是有一种埋怨、责备的味道？如果你把这句话换成以“我”开头：“我发现你只穿了一件秋衣在做功课，这样会感冒的。”此时，责备的感觉消失了，关心的感觉反而出来了，对不对？

因为人都是有情绪的，“你”开头的句子携带的埋怨、责备语气很容易激发孩子的负面情绪；而用“我”开头的句子蕴含的关心语气则更像在描述一个事实，不太容易引发情绪之争。

步骤三：避免使用控制性语言。

什么是控制性语言？它是指父母在与孩子交流时，基于控制和权威，旨在让孩子遵从自己的意愿和期望的语言。这种语言可能包括命令、指令、威胁、批评、责备、道德化等因素。

比如下面这些语言。

> 你立刻给我把衣服穿起来！你快点呀！
>
> 快点去给我洗手，听到没有？
>
> 你要乖一点，乖孩子才讨人喜欢。
>
> 你倒不倒垃圾？我们家里不养懒人，不倒我们就把你赶出去。

这些控制性语言是不是一听就很让人不舒服？成年人听了都觉得很烦躁，更何况接收者还是个前额叶皮层尚未发育完全的孩子。

步骤四：说出你的请求，但选择权在他。

好，关键的一步来了。不能用控制性语言，但我们可以说出请求。“请求”是指提出要求，希望得到满足。这是一种需要征得对方同意的诉求，“同不同意”“如何同意”的选择权都在对方手上。

比如你可以把前面那几句话改成这样。

> 今天的温度只有18℃，我担心你穿得少，明天可能会感冒。你要不还是再穿一件衣服，你选择穿哪件，我可以帮你拿。
>
> 不洗手是你的选择，同时，也请考虑一下，如果你把细菌吃到肚子里，下午可能会拉肚子。
>
> 我现在需要安静，你可以选择在这个房间里保持安静，也可以选择去其他房间玩。
>
> 饭后我们一共有两个任务，收拾碗筷并洗碗和倒垃圾。我请你从中选一个，另一个我来完成。

当你用“请求”而不是“控制”的方式说出这几句话，再用柔和但坚定的语气让孩子去选，这种方法虽然未必每次都奏效，但也可以有效避免“权力的争夺”，而且孩子接受你“请求”的概率也会大大提升。

最后的话

父母真正的优雅，是把权力还给孩子。当父母努力避免和孩子陷入“权力的争夺”，并通过“保持冷静”“进行用‘我’开头的表达”“避免使用控制性语言”“说出你的请求，但选择权在他”4 个步骤把权力真正还给孩子后，孩子也会习得这种策略，也能在今后的漫漫人生路上与他人进行良好的沟通，并通过双方都乐意的合作达到共赢的目标。

无法改变又不能接受的事情，就请先放一放

有这样一句话我一直非常喜欢，对我来说也非常有用：

> 无法接受的就改变，
> 无法改变的就接受，
> 无法接受和改变的就先放一放。

我把这句话分享给父母后，他们也觉得很治愈，因为“放一放”的确可以帮我们放下执念。

放一放对孩子未竟之事的期待

特别是在孩子成年之前，每一对父母都会对自己的孩子有所期待，这是一种很正常的现象。可是，当孩子的表现并没有达到

自己的期待时，父母就会焦虑，然后还会想方设法寻找各种途径帮助孩子快速成长，让孩子早日达到自己的期待。

比如孩子期末考试时，我们会天然地期望他能考好；孩子竞选班干部时，我们也十分渴望他能成功当选。**但有些期待暂时没有实现的路径，却成了父母的"执念"，这样不仅孩子苦，父母自己也得不到内心的平静。**

我很感谢我的父亲。因为当我还是一个小学生的时候，我的成绩非常普通，甚至有一次数学考试我只考了 60 分。当时，我被数学老师当着全体同学的面下过"你可能会留级，要小心一点"的结论。不得不说，彼时，我幼小心灵承受的压力是很大的。但父亲并没有再给我施加额外的压力，反而像个没事人一样，在我的考卷上签完字后，鼓励我去找到自己在数学学习中的薄弱环节来发力。

到了初中，我遇到了我人生中的第一位贵人——我的班主任施老师。她觉得我有很多想法，于是让我做了小队长，让我策划小组活动；从这一刻开始，我进入了人生的拐点，我的成绩开始快速提高。六年级结束时，我爬到了班级第十名；七年级期末考试，我考出了班级第二名、年级前二十名的成绩，并且顺利地被推举为班级里的中队长兼文体委员。之后的学习道路就相对顺风顺水了，因为有过当中队长的经历，后来我一路做了班长、团支部书记，高中毕业时还获得了“上海市优秀毕业生”称号。

我之所以要和你说我自己的经历，是想和你分享：**孩子一开始看起来不怎么“灵光”是很正常的，但一旦孩子遇到了某些特殊事件，或者自己就觉醒了，他也有“大器晚成”的可能。**

所以，与其为现在孩子为什么还没有达到你的期待焦虑，不如先放一放，说不定你的孩子和少年时的我一样，在某一天突然就进入了拐点，进步神速。

放一放孩子的弱点

每个人必然有自己的优势，同时，也必然有自己的弱点。我们成年人如此，孩子也是一样的。所以，父母的使命，不是尽可能地去补孩子的短板，而是发现孩子的优势，让孩子长大后通过自己的优势成就一番不同凡响的事业。

美国教育学家和心理学家霍华德·加德纳在其著作《智能的结构》中，首先系统地提出了“多元智能”的模型，其中的多元智能如下。

言语语言智能：善于灵活运用语言来理解和表达的能力。

数学逻辑智能：理解逻辑结果关系，善于进行推理的能力。

视觉空间智能：感受色彩和空间位置，善于思考和想象三维空间的能力。

音乐韵律智能：感受、辨别、记忆和表达音乐与韵律的能力。

身体运动智能：协调身体以及平衡、力量、速度和灵活性方面的能力。

人际沟通智能：感知并适当回应他人情绪的能力。

自我认识智能：认识、洞察和反省自己，了解自身优缺点的能力。

自然观察智能：观察自然事物，辨认、分类和洞察自然或人造系统的能力。

比如我的表弟，他小时候数学逻辑智能相对比较弱，数学考试成绩始终提不上来，这是他的短板；但后来，他发现自己的言语语言智能很强，喜欢和别人交谈。当他充分使用并打磨自己的优势后，通过时间的积累，他现在已经是一位财经自媒体达人，在微博上坐拥 20 多万名粉丝了。

放一放，也是放过自己

是的，放一放，也是放过自己。因为当我们心存某种执念又不可实现的时候，目标和现实之间的落差就会形成一种结构性张力。这种结构性张力在某些时候的确会产生一种动力，可以逼迫我们内心的动力机制运作起来，这种动力是好的，是促使人们不断进步的白色能量。

但这个世界上并非每件事情都能马上出现一条清晰的解决路径。当这条路径尚未出现，而你还在这条路径的起始处举目张望、付出努力，却依旧“求而不得”的时候，之前的结构性张力所产生的动力就会逐渐由白转灰、由灰入黑，变成“自己放不过自己”的黑色能量。

有人说，人生共有 8 苦。有些苦，是我们不得不接受的苦，所以我们需要用平静的心态去接纳它们；有些苦，是我们可以通过内在修炼不断改变“因”，继而改变“果”的苦，所以我们可以用勇气去真正地改变它；而有些苦，是暂时跨不过去的“苦”，也是暂时无法接纳的苦。没有关系，那就把第三种苦放一放，因为，放一放，也是放过自己呀。

最后的话

无法改变又不能接受的事情，就请先放一放。

请放一放对孩子未竟之事的期待；放一放孩子的弱点，帮助他们找到自己的优势。

最后，也把“求而不得”的苦放一放，从而放过自己。

03

控制欲“上头”十大场景

别用情绪，用好策略

孩子做功课磨叽，忍不住想发火，怎么办？

很多父母都有这样的苦恼：自家“神兽”坐在写字台前，不是一会儿玩橡皮、一会儿发呆，就是10分钟前在做这道题，10分钟后还是在做这道题。

看到这种场景，你心里的一股无名火就会自动蹿上来。有时实在没办法，你只能搬个小板凳坐在旁边盯着，他才一会儿看看题，一会儿看看你，动笔写起来。但只要你一离开，他就马上故技重施，坐在那儿磨磨叽叽，架势是不错，但就是不写作业，怎么办？

磨叽的原因

要解决这个“怎么办”的问题，首先我们要了解孩子磨叽的根本原因是什么。事实上，孩子磨叽通常有3个原因。

首先，从脑科学的角度来说，孩子磨叽的一个重要原因和人类大脑发育进程有密切关系。大脑中有两个区域每天都在互相牵制，这决定着人们的日常行动。比如当你看到一支冰激凌，**你大脑中负责情绪的边缘系统就会活跃，**让你产生想要立刻吃掉它的冲动；但同时**负责理性的前额叶皮层又会赶紧用理性抑制这种冲动，**于是，你会告诉自己，吃冰激凌会导致热量摄入过多。

但在人类大脑发育过程中，前额叶皮层发育时间始终晚于边缘系统发育时间，边缘系统通常在人类 12 周岁时就完成了发育，而前额叶皮层则要在人类 25 周岁时才能完全发育成熟。所以，孩子在面对学习时，前额叶皮层的理性力量抵不过边缘系统的活跃性，孩子更容易走神、磨叽，这是符合自然规律的。

其次，部分孩子的磨叽是父母“培养”的结果。一些焦虑的“老母亲”在看到孩子做不出题的时候，内心会特别着急，经常会直接上手解题，一路上越俎代庖，代替孩子解决问题。这样的次数一多，孩子每次在遇到难题时就会产生**“路径依赖”，即人一旦习惯某种选择，就仿佛走上一条“不归之路”，产生惯性，从而使这类选择不断自我强化，轻易就走不出去了。**这样一来，孩子就会有意无意地通过磨叽来刺激家长，设法从家长处获得题目的答案。

最后，还有一部分孩子磨叽则是由于父母唠叨的频率太高，从而产生了心理学中的**“超限效应”，即刺激过多、过强或作用的时间过久，引起极不耐烦或逆反的心理现象**。在超限效应的作用下，孩子不一定明着反抗你，却可以使用磨叽这种被动、隐匿的方式来向你宣示自己的自主权。

应对磨叽的策略

现在，你已经理解了孩子“磨磨叽叽不出活”的 3 个根本原因，接下来，我们就能有针对性地通过策略来解决问题了。

首先，我们要学会无条件地接纳孩子的大脑发育特征。既然我们能够理解老人腿脚不灵便、走路走得慢的情况，为什么我们就无法接纳孩子的前额叶皮层尚未发育成熟，理性力量远弱于感性力量的事实呢？

虽然老人腿脚不灵便是外显的，而孩子大脑的前额叶皮层发育不成熟无法用肉眼观察到，但相信已经有此认知基础的你，可以充分理解这一点，体谅和接纳孩子的边缘系统比前额叶皮层发育更早，孩子因此更容易产生拖延情绪的客观事实，不会再通过随意宣泄情绪或者冷嘲热讽的方式去设法控制孩子。

其次，为了打破路径依赖，父母可以选择让孩子自己去承担

行为所产生的后果。心理学中的“100% 效应”认为，如果父母与孩子共同参与一件事情，父母不做其中的 30%，孩子就会去做这 30%；倘若父母不做其中的 70%，孩子自己就会做这 70%。因为孩子看到有你在，你每次都能帮他兜底，他就不必承受作业没做完、第二天被老师批评的后果。

但就像一个金句说的那样：**人从来都不是劝醒的，而是痛醒的**。你只有克制自己去身体力行地纠正孩子错误行为的欲望，让他去承受行为所产生的后果，让他去痛几次，路径依赖才能在他感到痛苦后被彻底打破。

最后，要防止超限效应，减少“碎碎念”，你可以通过让孩子尝试“自主选择学习法”，即提前让孩子自己制订学习计划的办法来实现，具体分为 3 个步骤。

第一步：罗列任务。父母可以和孩子一起梳理今天一共有多少学习任务需要完成，把它们都写在一张纸上或者输入一张 Excel 表格里，就像列出工作中的待办事项一样。

第二步：任务排程。让孩子自己选择优先完成哪项任务，最后完成哪项任务，计算完成这些任务分别需要多少时间。这一步非常关键，父母需要特别注意，不能妄加干涉。因为自主选择能启动人类心理中的“承诺与一致效应”，人终其一生，无论在哪个年龄段，都在追求内心的自洽，所以既然是自己做出的选择，孩子就有更高的概率在自己规定的时间内去完成。

第三步：反馈并进入下一轮。当孩子完成一项任务后，父母可以用红笔在这项任务的旁边打个钩；如果任务写在了 Excel 表格里，则可以用绿色对这行进行填充。这种有仪式感的标记任务完成的动作，能让大脑分泌一种叫作内啡肽的激素，让人获得成就感，继而激励孩子在短暂的休息后进入下一轮学习任务的执行过程。

在多次践行这 3 个步骤，孩子体会到了自己及时完成任务的成就感后，他会自然而然地摆脱对父母的路径依赖，并在父母的策略的帮助下，建立起如同升级打怪一般完成学习任务的习惯，在学习上逐步摆脱磨叽，成为一个学习更主动自发的孩子。

最后的话

孩子的磨叽不是病，父母的催促才“要命”。

现在，你理解了磨叽的原因是掌管理性的前额叶皮层发育晚于掌管情绪的边缘系统，加之父母的妄加干预导致了路径依赖，超限效应引起了孩子的抵触。

针对这些原因，父母只要能无条件地接纳孩子的大脑发育特征，让孩子自己去承担行为的结果，用罗列任务、任务排程、反馈并进入下一轮的“自主选择学习法”来代替“碎碎念”，就能用策略代替情绪，帮助孩子在完成学习任务的过程中获得成就感，进入良性循环。

孩子沉迷游戏，晚上不睡觉，怎么办？

有位妈妈对我说，一天半夜，她起床上厕所，偶然间看到孩子房间门缝底下有亮光。开门一看，孩子居然背着他们偷偷打游戏。这让她顿时火冒三丈，一把抢过他手上的平板电脑，命令他立刻睡觉。

第二天，孩子来问她要平板电脑，她不愿意给，说要没收。为此，孩子已经好几天没有和她说话了，放学回到家，也是直冲卧室，除了吃饭，就是将自己一个人关在房间里。

哎哟，这可怎么办？

孩子为什么会沉迷游戏？

要解决这个问题，我们要理解孩子沉迷游戏的原因。孩子沉迷游戏，通常有 3 个原因。

第一，父母给了孩子太多的压力。一些父母把大量的注意力都集中在孩子身上，在孩子做功课时也要监工，时不时要过来看看孩子的完成进度；与此同时，每次学校成绩单发放下来后，倘若考得不好，孩子又总会受到指责。这些都会给孩子造成巨大的心理压力，而任何压力都需要宣泄释放的出口。

于是，当偶然进入游戏世界后，孩子会发现这个世界非常精彩，不仅令人欲罢不能，而且现实生活中的各种压力也都可以在打游戏时被抛在脑后。

第二，孩子能在游戏中获得正反馈。游戏设计师由于深谙人性的弱点，所以通常会在游戏中设计大量的正反馈，从而给游戏者以刺激。比如在游戏中杀“死”了怪物，怪物可能会随机“爆”出装备；游戏中，孩子每天都可以免费抽卡，有时使用了专属道具还能进行 10 连抽，每完成 50 次抽卡，还能抽到稀缺卡牌。这些都能让孩子的大脑分泌大量多巴胺，让他感到身心愉悦。

是的，正是这些正反馈让孩子牢牢地被游戏吸引。如果每日免费抽卡时间到了，但还不能登录游戏使用该项权利，孩子就会觉得很浪费，产生损失厌恶；而一旦他登录了游戏，那么时间又会过得很快，不知不觉，半小时、1 小时就过去了。

第三，在游戏中，孩子还能获得自我肯定。随着孩子在游戏中投入时间的累积，其获得的装备、道具会变得越来越精良；同时，孩子操控游戏角色的熟练度也在不断提升。这就能让他在闯关或者与其他游戏者对战的过程中获得胜利。

请想象一下，当一个在现实生活中总是考低分、受到责难的孩子，在游戏中却成了人人羡慕的“王者”时，那么他就更不愿意离开游戏世界，更愿意把更多的时间，甚至大量的金钱投入其中。

孩子的沉迷程度及应对策略

既然我们已经理解了孩子沉迷游戏的原因，那么接下来，父母该如何引导孩子，防止其沉迷游戏呢？

首先，硬性控制显然是不可取的。就像我们之前说过：父母的真正优雅，是把权利还给孩子。因此，如果孩子的沉迷程度比较轻，孩子只是对游戏感兴趣，父母也不必如临大敌，谈游戏色变，而是**可以采取“堵不如疏”的方式，和孩子约法三章**。

比如我会和我儿子商量，周一到周四学习任务通常都比较重，所以平时就不安排游戏时间了；而周五到周日在校内作业全部完成的情况下，每天可以有 1 小时的游戏时间预算，早点玩、晚点玩都可以。而且，如果周六、周日在 7 点 30 分前起床，则还能额外增加 30 分钟游戏时间，作为周末早起的激励。这个约定到目前为止一直运行良好。

你看，当你和孩子商量着做决定，而不是强行地规定，同时，你还用他喜欢的东西和你希望他做到的事情做一个交换，那么你和孩子就能在可控的范围内实现共赢。

其次，如果出现一方违约，就根据约定实施处罚。父母和孩子的约定其实本质上与成年人之间的协议是一样的。只要事先协商好，一切都好办。谁违约，谁就承担约定的损失。

家庭教育中，最害怕发生的事情是之前没有约定好，一旦孩子做出让父母不满意的行为，父母就单方面做出惩罚。这样做会让孩子与父母之间的嫌隙增大，让孩子选择不再相信父母。

当然，你可能会说，那万一孩子就如同开头描述的情况那样，半夜偷偷在房间里打游戏，怎么办？也好办，遇到这种情况，你可以选择分 3 步走。

第一步：澄清错误。找个双方都冷静的时间，和孩子说明这样的行为是不对的。

第二步：重新约定。如果之前并没有做类似的约定，可以把相关的条款加进去，并与孩子就新的约定达成一致。当然，对于这一次的错误，父母可以选择宽容一点，把该行为认定为“无约定无过错”。

第三步：坚决执行。如果下一次再发生约定中的违约情况，则按照最新约定的情况坚决执行违约处罚，比如取消一周的游戏时间。

是的，无论是成年人还是孩子，都有“承诺与一致效应”。所以当父母放下自己的控制欲，愿意每次都和孩子就游戏时间、游戏条件、特殊情况做好相应的约定时，孩子便不太容易违反约定，或者哪怕真违反了，也有事先约定的惩罚措施可以依凭。如此一来，哪怕遇到孩子沉迷游戏的情况，亲子沟通也会变得更顺畅，家庭教育则会变得更高效。

最后的话

沉迷游戏不是孩子的错，父母单方面实施处罚则会让家庭教育一无所获。

孩子喜欢玩游戏，是因为：父母给了孩子太多的压力；孩子能在游戏中获得正反馈；在游戏中，孩子还能获得自我肯定。这些都是正常的，可以理解的。

同时，当你能采取“堵不如疏”的方式，和孩子约法三章，如果出现一方违约，就根据约定实施处罚，并在新问题出现后分澄清错误、重新约定、坚决执行 3 步走，那么孩子也能在你有策略的引导下，自觉地与游戏保持距离。

孩子背单词、写作文，变成了你的功课，怎么办？

你家孩子背单词、写作文会遇到障碍吗？有些父母和我说，他们家孩子只要一背单词，背单词就变成了父母的功课；只要一写作文，一家人都必须围着孩子出谋划策。

为什么孩子的作业反而变成自己的功课了呢？这说明当时当刻，孩子已经产生了对父母的依赖心理，至少在目前，他是一个无法独立完成这些作业的孩子。

孩子的路径依赖

在前文，我们已经讲过路径依赖，这里我们再讲得深一些。路径依赖原本是指人类社会技术演进或者制度变迁具有类似于物理学中惯性的特性，而在孩子与父母互动的场景中，父母一旦做了某些选择，就容易走上一条“不归路”，惯性的力量会让这种选择不断强化，让双方都难以走出去。

比如网上曾有一个故事，说的是一位奶奶接孙子放学，他们在回家路上经常会路过一家牛肉面小店。每次奶奶都会点两碗面，然后把自己的牛肉夹给孙子，让孙子大快朵颐，吃个痛快。

但有一次，可能是店家繁忙，奶奶自己去端面，在把面端到餐桌上之前，已经用筷子把牛肉全都夹进了孙子的碗里。孙子刚准备吃面时，就质问奶奶，这次为什么不把她的牛肉给自己，是不是藏起来了，还是已经被奶奶吃了。奶奶很无奈，哭笑不得。

你看，在这个故事中，孙子已经习惯了奶奶对他好，产生了路径依赖，一旦某次自己没有看见奶奶把牛肉夹进自己碗里，就认为这是不正常的。

同样，在背单词、写作文的场景中，之前父母为了让孩子能快些完成作业，亲自上阵辅助孩子背单词，代劳写作文，可不就和这位把牛肉夹进孙子碗里的奶奶一样，让孩子产生路径依赖了吗？

某一天父母如果因为自己工作繁忙，无法辅助孩子背单词，不能帮助孩子写作文，孩子可不就如同丢失了拐杖，不知何去何从了吗？

我们说：**父母应如灯盏，而非拐杖**。虽然你的出发点可能是让孩子早些完成作业、早点休息，**可你要知道，企图依靠你的**

力量干预孩子正常学习的过程，从而加速该过程的期待也是一种控制欲。一旦你被这种控制欲的诱惑俘获，在某一次做出了成为“拐杖”的选择，你就容易走上这条“不归路”，而惯性的力量也会不断让这种选择强化，令你难以走出去。

如何帮助孩子摆脱学习路径依赖？

如果你的孩子还没陷入任何一种学习路径依赖中，那么恭喜你，这是最好的时候，你只要能在即将做出成为“拐杖”的选择之前悬崖勒马，让孩子发展出独立学习的能力，就能有效避免孩子陷入学习路径依赖。

可是，对很多父母来说，这一切已经太晚了。但是没有关系，想要帮助孩子摆脱学习路径依赖依旧有策略，可以分为 3 步。

第一步：引导阶段。

在引导阶段，父母可以先自己学习相应的策略，然后把这些学习策略教给孩子。比如在背单词的场景中，我在《抢分：偏科自救指南》这本书里就讲过一种背诵英文单词的“闯关法”。

> 你可以用一只手捂住英文部分，看着中文部分来背诵单词。但在具体背诵的过程中，单词列表中从上到下有十

几个甚至二十个单词，你可以把它们想象成相应的关卡。你可以像闯关一样，从第一关开始闯，一旦遇到你背不出的单词，你就“死”了，必须从头开始。

这是一种把背单词任务游戏化的办法，可以让背单词以玩闯关游戏的方式进行。当然，你可能会认为，如果这样背单词，万一第一关的单词越来越熟悉，后面关卡的单词还比较陌生，怎么办？那你可以倒过来，自下往上来闯关。当你像“赵云单骑救主”一样，从上到下，再从下到上，“七进七出”，你还担心不熟悉这些单词吗？

你看，当你通过自己学习把有效有趣的学习策略演示给孩子后，孩子也能在你的引导下，学会并使用这种学习策略。

第二步：半独立阶段。

到了该阶段，孩子通过学习策略学习的习惯已经基本养成了。此时，父母最大的作用是检查孩子作业的质量，比如帮助他检查背单词的情况。如果条件允许，也可以在发音方面进行一些纠正。

到了这个阶段，父母就可以开始慢慢放手了，你可以买一些有关学习策略的书和课程，让他自己去阅读和学习。同时，如果孩子这段时间的作业质量是好的，你也可以选择减少检查频次。当然，也有可能出现作业质量下滑的情况，在这种情况下，父母依旧不能越俎代庖，而应当在培养学习习惯和运用学习策略方面进行调整。

第三步：放手阶段。

当孩子在学习的“能力”上已经大致没有问题后，最后的放手阶段需要解决的是孩子的“动机”问题。

比如《好妈妈胜过好老师——一个教育专家16年的教子手记》的作者尹建莉就认为：不陪，是最好的“陪”。是的，不陪，更可能引发孩子自己学习的动机。

当时尹建莉的女儿圆圆还比较小，尹建莉哪怕自己有时间，也选择不陪孩子写作业。一次，圆圆贪玩忘记写作业，尹建莉也没有指责她，而是让她自己决定怎么做。

结果那天晚上，圆圆一个人熬夜把作业全部补完了。是的，就像我们常说的“人都是痛醒的”，有了这次痛的经历后，圆圆就意识到，写作业是她自己的事情，所以之后她每天回家做的第一件事情就是把作业写完。

没错，父母的控制欲越强，陪伴孩子的时间越长，父母的监督就越会弱化孩子的动机；而当父母能克制自己的控制欲，选择不陪伴孩子学习，敢于放手，把主动权交给孩子，那么孩子的动机就会被强化，孩子就能真正成为自己学习的主人。

最后的话

孩子的依赖，来自父母无法放手的爱。

现在，你已经充分理解了孩子陷入学习路径依赖来自父母成为孩子“拐杖”的选择。你也学习了帮助孩子摆脱学习路径依赖的策略：第一步，引导阶段，教会策略；第二步，半独立阶段，帮助检查；第三步，放手阶段，强化孩子的自主学习动机。

祝福你的孩子能在你努力克制控制欲、放手帮助他学会独立的决心下，成为一个学习有策略、内在有动力的自驱型孩子。

孩子情绪失控，大吼大叫，怎么办？

你是否经历过孩子情绪失控？

在情绪失控状态下，孩子可能会尖叫、发脾气、扔东西。

有一次，我儿子在和他妈妈吵架时情绪失控，他妈妈拿着晾衣架追着他打，儿子则一边大哭尖叫，一边快速地走近家里的台式饮水机。只见他双手把它搬起来，准备往地上砸。还好我眼疾手快，上前阻止，安抚住了两人，最后才不至于造成身体的伤害和财产损失。

是的，孩子情绪失控，父母如果不及时阻止，这很可能会演变成家庭教育中的危险时刻。

情绪温度计

为了避免类似情况的发生，首先，我们需要识别孩子的情绪。这里就要引入一个思想工具：情绪温度计。你可以想象一下，孩子的头上存在一个情绪温度计，温度越高，孩子离情绪失控就越近。

情绪温度计可以分为 4 挡。

第 0 挡：0 ～ 30℃，为情绪稳定温度。孩子表现相对平静，能和你正常交流。

第 1 挡：31 ～ 60℃，属轻度情绪波动。此时，孩子会有不耐烦、不屑、冷言冷语等表现。

第 2 挡：61 ～ 90℃，属中度情绪波动。孩子会有明显的生气的举动，比如摔门、挑衅、喊叫。

第 3 挡：91 ～ 100℃，则是极度情绪爆发。此时，孩子会大哭大喊、尖叫、咆哮、扔东西，甚至与父母发生肢体冲突。

我们都不希望孩子的情绪温度进入第 2 挡，更不希望其进入第 3 挡。所以，对孩子的情绪进行觉察，在他的情绪温度到达临界阈值之前提前干预尤为重要。

可是很遗憾，很多父母的干预方式大多是错误的。

比如，强行控制。就像上面的案例中，我爱人追着孩子打的方式就属于此列。孩子的情绪管理能力弱，高强度的刺激不仅无法控制孩子的情绪，反而会火上浇油，让孩子的情绪温度从第 2 挡飙升到第 3 挡。

又如，灌输道理。也有一些父母喜欢和孩子讲道理，这样做，父母的表达欲的确是获得了充分的满足，但孩子却会越听越烦，孩子的情绪温度也会随之缓慢升高。

而且，当孩子的情绪温度越来越高时，父母本身的情绪温度也可能由于被孩子刺激而升高。此时，如果双方的情绪温度都处于高挡位，事情会越来越糟糕。

如何给孩子的情绪降温？

给孩子的情绪降温，有 3 个策略非常管用。

策略一：用好“咒语”，先给自己的情绪降温。

是的，父母需要先控制好自己的情绪，否则如果父母的脾气本身就很暴躁，孩子耳濡目染，自然会认为情绪激动、发脾气都是正常现象。

你可能会说，道理谁不懂，但具体要怎么做呢？除了我们在之前说过的摆脱情绪劫持的策略外，你还记得一句话吗？这句话就是我说的“咒语”，每次我感觉自己的情绪温度快达到 60℃时，这句“咒语”就会自动浮现在我的脑海里：

刺激与回应之间存在一段距离，成长和幸福的关键就在那里！

该“咒语”是一个关键的认知，它总能在必要的时候让人悬崖勒马，令你从“马上回应”的应激状态中清醒过来，从而有效地降低自身情绪温度。

策略二：学会接纳孩子的情绪。

我们之前曾经提到过：先解决情绪问题，再解决具体问题。

当父母和孩子由于某一件具体的事情发生冲突时，很多父母由于缺少共情训练，很难接纳孩子的情绪，因此经常引发情绪之争。

比如孩子放学后把书包随便往地上一扔，你让他捡起来放好，他不乐意。此时，一些父母就觉得孩子忤逆了自己，于是“事态开始升级”，从言辞批评发展到吼叫打骂。原本只是一件小事，到后来却被无限放大。

事实上，如果你能学会接纳孩子的情绪，这种情绪之争就容易避免了。比如当孩子不乐意捡起书包放好时，你可以这么说：“你刚刚放学，一定感觉累了，对吧？可是，书包扔在地上也会影响家里的整洁。你看你是打算休息一会儿放好呢，还是打算做作业之前再去放好？”

接纳孩子的情绪，把孩子疲劳的感觉说出来，他会觉得你理解他。对于理解自己的父母，孩子当然更愿意配合。而且，你可能也已经看出来了，在接纳了孩子的情绪后，这里还使用了一个让孩子做选择题的技巧。在情绪被接纳之后，面对选择题时，孩子不会觉得你是在命令他，而是在让他自己做出判断与选择。如此一来，彼此自然不太容易陷入情绪之争。

策略三：使用正向引导，替代负向引导。

在孩子和父母拌嘴的场景中，不少父母会下意识地说“你再犟一下试试？”或者“你再敢回一句嘴试试？”，这些话都是负向引导，只会进一步刺激孩子。

孩子又不懂“刺激与回应之间存在一段距离，成长和幸福的关键就在那里”，他只会立刻产生应激反应，让他自己的情绪温度变得更高。

与其如此，父母不妨忍住负向引导的冲动，进行正向引导：来，我们来解决问题，如果要运动起来，**你觉得需要具备什么要素?**

这里请注意，我们为什么不说“你不愿意运动是什么原因呢”？因为“原因”指向孩子自己，你会让他产生被攻击感；而“具备什么要素”则是客观的，孩子不会有被攻击感。此时，孩子就会思考：周末下午阳光好的时候出去打羽毛球，或者晚上 9 点洗澡前再去打羽毛球。当这些要素成熟时，他可能才愿意去运动。

最后的话

要想孩子的情绪不失控，父母要有策略。

在用情绪温度计这种思想工具估量孩子的情绪状态后，还要使用三大策略给孩子的情绪降温。

策略一：用好“咒语”，先给自己的情绪降温。

策略二：学会接纳孩子的情绪。

策略三：使用正向引导，替代负向引导。

这样，你不仅能接纳孩子的情绪，也会因为使用了这些策略而成为更好的自己。

孩子缺乏自信，什么事都说做不到，怎么办？

你感觉你的孩子有自信吗？你可能未必能给出答案，对不对？

那我换一种问法：如果你的孩子在课堂上答错了一个问题，引起哄堂大笑，他是会把这次经历变成自己好好学习的动力，还是会觉得很丢脸，以至于下次遇到类似场景不再愿意举手，甚至担心被老师点名发言呢？

又或者每次孩子遇到困难的事情，他是会选择自己研究琢磨，上网去查资料，还是试了没几次，因为没有结果，接着就两手一摊，告诉你他做不到呢？

是的，我想你的心中已经有答案了。毕竟，作为父母，我们都希望自己的孩子充满自信，因为自信的孩子懂得反思，能克服困难，能竭尽全力达到目标。可是，现实中却往往事与愿违。

为什么你的孩子不自信?

孩子天生就是自信的，否则他们学习走路，失败了几次就不再尝试了，那么他们将永远都学不会走路。可是，在他们不断长大的过程中，很多父母却不自知地使用错误的育儿方式。于是，孩子的自信程度越来越弱，有些孩子由于长期不自信，甚至还发展出了处处小心翼翼、总是设法讨好别人的讨好型人格。

错误的育儿方式有哪些呢？主要可以分为下面这3种类型。

第一种，父母经常性地控制和打击孩子。

这是很多控制型父母的通病。比如看到孩子写的字忽大忽小、歪歪扭扭，就压抑不住自己的控制欲，暴力干预，让他立刻改正；或者干脆一把拿起橡皮，猛地把他之前的字迹擦掉，命令他马上重写。在这种情况下，孩子的内心就会受到来自父母的情绪暴击。在这种场景中，他们会一次次地受到暗示：自己不够好。

而当这类暗示出现的次数多了，他们做什么事情都会变得小心翼翼、战战兢兢，生怕自己的行为惹怒了父母。不自信的种子就是在父母一次次地控制和打击孩子的过程中萌芽的。

第二种，父母的鼓励方式欠妥。

很多父母学习过一些鼓励式教育的方式，知道孩子的自信是被鼓励出来的，但他们却“只知其一，不知其二”。因为鼓励的表达是一种观点的输出，而所有的观点都需要事实来支撑。

一方面，这些父母的鼓励言辞很空洞；另一方面，孩子仅仅是做了一件稀松平常的事情，父母都给予鼓励。当孩子的自信是建立在这种虚假繁荣之上时，有一天当他在学校发现完成这种水平的事情根本不值得被鼓励时，他的自信就会瞬间崩塌。

第三种，父母本身的认知就是错的。

比如很多父母认为：失败是成功之母。于是他们就以这样的认知去教育自己的下一代。可是，失败真的是成功之母吗？当一个孩子失败的时候，他首先获得的是负反馈，而负反馈只能让一个心智成熟的人明白这条路径是不通的，应当换一种方式去做；可对于孩子来说，负反馈多半只会让他停止行动。

与之相对的，如果孩子在某方面获得了小的成功，这会给他动力。比如他依靠自己的绘画作品拿到了一位美术老师给的优秀的评语。这次小成功就会给孩子动力，让他在下一次面对绘画场景时更有动力，更愿意投入时间和精力去绘画，从而在这方面做出更好的表现。

所以，成功才是成功之母。父母只有用正确的认知去教育孩子，孩子才不会跌倒，继而在一次次正反馈中不断地培养自信。

如何提升孩子的自信？

想要培养自信的孩子其实一点也不难，我把它分解为 3 个步骤。

第一步，理解“波利亚罐模型”。

我曾在《了不起的自驱力：唤醒孩子的学习源动力》中讲过“波利亚罐模型”。想象有一个玻璃罐，里面装着一黑一白两颗小球，当你的孩子从玻璃罐中摸出任意一种颜色的小球时，就需要放回两颗相同颜色的小球。比如摸到一颗黑球，就要放回两颗黑球。

每次，孩子在获得一次小成功时，就相当于摸到了一颗白球（在获得一次负反馈时，就相当于摸到了一颗黑球），于是当两颗白球被放回罐子中时，罐子中就会有两白一黑总共三颗小球。那么，孩子下一次去摸球的时候，摸到代表成功的白球的概率就会从之前的 1/2 提升到 2/3。当罐子里的白球越来越多时，孩子在这方面的能力就会越出色，自信心自然也就越强。

所以，当你理解了“波利亚罐模型”，你就为培养一个自信的孩子做好了认知上的准备。

第二步，进行“亮点式教育”。

控制型父母喜欢抓孩子的不足，看到自己觉得不舒服的地方就马上进行干预，而聪明的父母则都懂得进行“亮点式教育”。

什么是“亮点式教育”？其实就是父母在发现孩子产生好行为（获得小成功）时，用具体和及时的鼓励来强化该行为（指出孩子摸到了白球）。我们依旧以写字场景为例，懂得“亮点式教育”的父母就会在孩子写出一些好看的字时进行重点强调，肯定这些字写得好。

由于写得好的字被重点强调了，孩子就会觉得原来自己是可以写好字的，这就是父母对孩子能写好字这项具体行为的一种强化，让孩子摸到了白球。于是，孩子在关于写字的“波利亚罐”中的白球就多了一颗，他在下一次写字场景中也会表现出多一分的自信。

第三步，培养孩子写“成事日记”的习惯。

除了口头强化，父母还可以设法让孩子把每天做成的事情写下来。这是来自《小狗钱钱》的作者，德国作家博多·舍费尔的策略。把每天做成的事情写下来，这件事情就成了可视的、摸到过白球的证明。可视化最大的好处在于，如果有一天孩子在这件事情上不小心失败了，摸到了一次黑球，这本“成事日记”就是他自信的最佳凭证。他会觉得，自己偶尔失败一次根本无关紧要。

最后的话

孩子的自信，来自父母的肯定。

父母应识别出过往错误的育儿方式，意识到经常性地控制和打击孩子、鼓励方式欠妥以及自己本身的认知方式是错的。同时，父母要践行提升孩子自信的 3 个步骤。

第一步：理解“波利亚罐模型”。

第二步：进行“亮点式教育”。

第三步：培养孩子写“成事日记”的习惯。

这样才能培养出不断摸到一颗颗白球、充满自信的孩子。

孩子一休息就爱看短视频，该不该管，怎么管？

短视频已经成了我们生活中常见的媒介，其由于时长很短，能让人获得及时满足，受到了包括孩子在内的许多人的喜爱。

有一次，我和朋友们吃饭。其中一位妈妈很苦恼，说自己的孩子总是一休息就看短视频，似乎看短视频已经变成了孩子学习之外的全部。每次她想干预，孩子就不高兴。她很担心自己的孩子会把大把时间都花在看短视频上，于是想请我支招，问我："这种情况到底该不该管，怎么管？"

孩子沉迷看短视频的等级

这位妈妈能抑制自己企图直接干预和控制孩子行为的冲动，已经胜过了80%的普通父母。不过，在考虑究竟该不该管之前，父母首先需要了解自己的孩子处在什么样的沉迷看短视频的等级。一般可以分为 3 级。

第一级，休息时总想看，但不看也可以。

这是相对比较温和的一级，毕竟，孩子此时还知道轻重缓急，理解短视频只是自己生活的调剂，主要的精力还是放在学习上的。

既然如此，父母就不必过度苛刻，毕竟“一张一弛，文武之道也”。只要沉迷程度未加深，孩子可以通过看短视频拓展知识面；尤其当孩子通过看科技类或历史类短视频找到自己的兴趣所在，那就再好不过了。

比如我有一次就发现儿子看完了包括《三体》《流浪地球》在内的刘慈欣绝大多数小说的解说，甚至在周末自己跃跃欲试，开始制作类似的短视频了。

第二级，孩子的心态改变，开始有停不下来的趋势。

在第二级中，孩子的价值取向已经开始发生变化，这是父母需要特别注意的时段。因为处于这一等级的孩子已经把看短视频凌驾于学习之上，伴随而来的很可能是学习成绩的下滑。

我们说，观察任何事物都要观察它的发展趋势。如果已经有恶化趋势，虽然目前的情况还不算糟糕，但如果没有外力推动去改变原因，那么结果只会逐步走向我们不愿意看到的另一面。所以此时，父母的干预不仅是需要的，而且还是必要的。

第三级，孩子开始没日没夜地看短视频，完全停不下来。

第二级持续下去，往往就会发展成第三级。孩子很可能会半夜不睡觉，背着父母，躲在自己的房间里悄悄看短视频；如果被父母发现了，父母强行收走他的电子设备，他还很可能会表现出攻击性行为。此时，孩子对于看短视频的“瘾”已经形成，发展到该阶段，就不得不请求专业心理咨询师评估、干预和帮助了。

为了不让最坏的情况发生，我们可以针对不同的沉迷等级，分别使用不同的策略，用有效的方法加以应对。

父母如何进行有效引导？

普通父母无论看到自己的孩子处于何种等级，控制欲一上来，就容易发生应激反应，而聪明的父母则会根据不同的情况采取不同的策略。

在第一级，一个行之有效的策略是“提前约定”。该策略利用的是人类心理中的“承诺与一致效应”。

罗伯特·西奥迪尼的《影响力》一书中记载了美国心理学家在纽约市一片沙滩上做过的一个心理学实验。工作人员假扮成游客，在沙滩上靠近随机挑选的受试者并躺在他身边，听一会儿收音机，然后离开去散步。与此同时，另一位工作人员会假扮成小偷，当着该受试者的面偷收音机。结果在 20 次实验中，偷窃行为只有 4 次被受试者阻止。另一组实验中，工作人员则在离开去散步前增加了一个动作，请求受试者“帮忙看着东西”。结果在 20 次实验中，偷窃行为竟然被阻止了 19 次。可见，一旦人们达成了某项“约定”，人们大概率会遵守该约定。

那父母要怎样和孩子约定呢？比如你可以和孩子说：“每个周末你都有 1 小时看短视频的时间，但平时学习忙，就别看了。”此时，孩子可能答应，也可能会觉得给的时间太短了，会和你讨价还价。不过没有关系，这也是策略的一部分。只要孩子的要求不太过分，比如他提出“周末每天可以看 2 小时”，那你也可以答应他，因为这是他与你的约定，孩子打破该约定的概率相对会比较低。

到第二级和第三级，显然孩子已经打破了你们之间的约定，这时要怎么办呢？别太紧张，毕竟孩子的自控能力和成年人的自控能力不能比。但此时，你有必要和孩子进行一场**关键对话**。

这里需要特别注意，关键对话并非在你抓孩子现行的时候进行，而应尽可能安排在彼此情绪都比较平静的情况下。因为当孩子打破了约定，他原本是自责的，可是如果你无法控制住自己的控制欲，对他劈头盖脸一顿吼叫唠叨，孩子的自责会消失，取而代之的则是反抗。所以，你只需要淡淡地说一句“你没有遵守约定的行为让我感到失望”就可以了。

接着，在孩子情绪相对稳定的时候，你要温柔而坚定地与孩子商讨他能接受的解决方案。比如你可以说：“如果我们再次约定，但你依旧违反了约定，你可以从‘洗碗 2 周’‘倒一个月的垃圾’或者‘强制没收电子设备 2 周’3 个选项里选择 1 个作为惩罚。”

当然，孩子也可能不愿意做选择。此时，你可以抛出“温柔的威胁”：“不做选择，也是一种选择。毕竟，把家里的 Wi-Fi 断电，所有人都无法上网，这不是我们任何一个人愿意看见的。”尽管孩子的确更容易情绪化，但只要完全冷静下来，孩子自己就会意识到：比起连 1 分钟网都不能上，还是从父母给出的 3 个选项里选择其一更优。

你看，父母的引导并非控制，更不是强制，而是一套“阳谋”，想方设法让孩子回归理性，令他重新回到“谈判桌”前，继而达到一个双赢的局面。

最后的话

孩子沉迷看短视频，父母识别沉迷等级，采取对应的策略相当要紧。

第一级，休息时总想看，但不看也可以。对应的策略：提前约定。

第二级，孩子的心态改变，开始有停不下来的趋势。对应的策略：关键对话，约定违约惩罚。

第三级，孩子没日没夜地看短视频，完全停不下来。对应的策略：请求专业心理咨询师评估、干预和帮助。

孩子在学校被人欺负了，该不该管，怎么管？

如果你的孩子在学校被人欺负了，你的第一反应是什么？

有人说："让他打回去！"

可是，这真的是有效的解决方案吗？

曾经就有一个男孩和同学发生冲突被打，后来他的爸爸了解情况后恼羞成怒，立刻就让孩子打回去。结果，男孩不仅更伤心，而且在抹着眼泪走向对方后，还没出手，对方又把他一顿揍。爸爸恨铁不成钢，男孩则成了"三夹板"，两头都受气。

父母让孩子"打回去"的举措，表面上看起来似乎是希望培养孩子的"勇气"和"自己解决问题的能力"，可是本质上，这只是父母试图证明自己的孩子并非如此窝囊，满足的是父母自己的心理需求。

那么问题来了，如果孩子在学校真被人欺负了，父母到底该不该管，怎么管？

孩子被打，教科书级的应对之道

复旦大学社会学系学者沈奕斐曾经分享过自己在儿子被同桌欺负后的做法。那天，当孩子把被打的事实告诉她后，她没有让孩子“打回去”，也没有立刻联系老师，而是践行了“刺激与回应之间存在一段距离，成长和幸福的关键就在那里”的原则。当沈奕斐冷静下来后，她一共采取了以下 4 个步骤。

第一步：了解事情经过，判断冲突性质。

她问了孩子两个问题。

问题一：同桌只打了你，还是也打过别人？之所以要这么问，她是想了解自己的孩子是否成了特定被欺凌对象。

问题二：他打你时，其他同学是在指责他，还是都不说话，或者跟着他欺负你？孩子说其他同学在帮自己，因为很多同学也被他欺负过。

好了，到这里，这件事情的性质就判断出来了，这次孩子被打并非被特定欺凌，而是同学之间的普通冲突。

第二步：了解伤害程度，判断是否介入。

接着，沈奕斐继续了解孩子被打了哪儿，对方是否用了打人工具，孩子的疼痛程度到底如何。了解下来，她发现孩子身上被打的地方有些小淤青，孩子觉得不算太疼，只是觉得很丢人，因为他当时在大庭广众之下还被对方按倒在地上。

但由于事态不算很严重，她认为处理权完全可以交给孩子自己。

第三步：了解孩子的诉求，了解孩子希望父母做什么。

沈奕斐问孩子希望她做什么，孩子立刻反馈，希望她能和老师沟通一下，请打人的孩子向他道歉。之后，沈奕斐根据孩子的诉求，立刻联系了老师，老师也积极处理，让对方道了歉。不过，让人意外的事情发生了，孩子接受道歉后，竟然也没那么生气，而是选择立刻原谅对方。

这一步十分关键，很多父母都有自己的一套思维逻辑，总以为自己的方案是最佳方案，却忽略了孩子心底的诉求。所以，“了解孩子的诉求，了解孩子希望父母做什么”，就比直接告诉孩子要如何做更好。与此同时，在孩子情绪稳定的时候，让孩子选择行动的路径，也是锻炼孩子解决问题能力的好机会。

第四步：了解后续情况，保持关注。

有时候，表面的问题虽然解决了，但后续是否还会发生同类事件，我们不得而知。所以，当一次校园欺凌事件发生后，父母对该事件持续关注，也是防患于未然的有效手段。

比如沈奕斐就发现，某段时间开始，孩子经常一回到家里就开始画画，而且画的都是“超人在打一个小孩”的画面；而隔了一段时间，该画面就不再出现了，原来孩子和那位同学最后“化敌为友”了。

如果孩子遭受语言暴力，怎么办？

沈奕斐对孩子被打事件的处理之道不可谓不高明，和普通父母比起来，她的“4 步走”策略完全不以成年人居高临下的视角为起点，而是从孩子的角度出发，她成了孩子的支持者和包容者。

可是，如果孩子遇到的不是肢体冲突，而是语言上的侮辱呢？比如孩子一连好几天情绪低落，妈妈问了好久，孩子才终于说：“妈妈，同学问我是不是有病，一辈子都长不高。”

肉体上不疼不痒，但孩子心里很委屈，怎么办？父母依旧不能被情绪左右，还是分 4 步走。

第一步：提前告知。孩子缺少社会经验，往往不知道语言暴力也是暴力。父母要提前对孩子说，遇到语言暴力，如果心里觉得难受，父母就是他的依靠，有事儿可以和父母说。

第二步：倾听诉说。当孩子遭受了语言暴力，父母同样要仔细了解事情经过，尽可能引导孩子表达他的内心想法和感受。由于语言暴力和肢体冲突不同，语言暴力的严重程度可轻可重，父母只有先让孩子把内心感受都说出来，成为孩子的心理容器，他内心的压力才能被逐渐释放。

第三步：商量对策。不到万不得已，依然不必将成年人自己的处理方式直接灌输给孩子，而是可以鼓励孩子自己想办法，甚至还可以引导他上网查找并选择适合他性格的解决方案。这样一来，不仅能解决眼下的问题，而且还能让孩子树立起面对挑战的信心，并养成通过网络寻找对策和解决难题的习惯。

第四步：支持与跟进。父母是孩子强大的后盾，因为有父母的存在，他感觉自己是安全的；在他需要父母帮助的时候，父母永远就在那里。同时，如果孩子的对策应用了，施加语言暴力的一方是否有所收敛？还是需要调整对策？这些也都是值得父母重点关注和跟进的问题。

最后的话

孩子被欺负，父母切不可恼羞成怒，以暴制暴，误入歧途。

如果孩子与他人发生了肢体冲突，父母可以实施“4 步走”。

第一步：了解事情经过，判断冲突性质。

第二步：了解伤害程度，判断是否介入。

第三步：了解孩子的诉求，了解孩子希望父母做什么。

第四步：了解后续情况，保持关注。

如果孩子遭受语言暴力，父母依然可以实施“4 步走”策略。

第一步：提前告知。

第二步：倾听诉说。

第三步：商量对策。

第四步：支持与跟进。

在父母的支持和包容下，孩子必然可以远离校园暴力，茁壮成长。

孩子爱顶嘴，该不该管，怎么管？

你的孩子喜欢顶嘴吗？

你说“你怎么还不去睡觉？”，他立刻就回你“明天是周六，睡那么早干吗？”；你说“别看电视了”，他立刻说“那你怎么就捧着手机不放下呢？”；你说“都休息10分钟了，快去做作业！”，他说“为什么要听你的？”。唉，家里有个小“杠精”，这日子实在是没法过了。

你可能会想，孩子这么小就这么能顶嘴，将来还不把屋顶给掀了？事实上，不是只有你有这种想法，根据“搜狐母婴”的调查，超过75%的家长都讨厌孩子顶嘴的行为。

是的，孩子爱顶嘴，让家长好不容易收敛的控制欲，又快控制不住了。

但顶嘴这件事情，究竟该不该管，要怎么管呢？在解决这个问题之前，我们还是需要先搞清楚孩子为什么会顶嘴。

孩子顶嘴的三大原因

孩子之所以会顶嘴，主要有以下三大原因。

原因一：家长的沟通方式不当。

很多家长在孩子一路长大的过程中，习惯用吼叫打骂、反复唠叨、反问质疑等方式和孩子交流。

吼叫甚至打骂，虽然能在短时间内看到效果，但这种方式也存在很大的弊端。一方面，它会提升孩子的阈值，即家长需要一次比一次吼叫得更响、打骂得更狠，孩子才会听话照做；另一方面，长期积累的负面情绪也会积聚在孩子幼小的身躯里，当他感觉自己有力量与你对抗的时候，这些积聚的负面情绪就会以顶嘴的方式表达出来。

反复唠叨，虽然出发点是好的，是一次次地提醒孩子改善不良行为，但它也容易让孩子产生超限效应，即过多、过强的刺激会引发孩子不耐烦或逆反的心理。

还有**反问质疑**，比如"你怎么还不去睡觉？"这类反问句尽管能加强语气，却也容易对孩子的情绪产生冲击，激发你们彼此的对抗情绪。

原因二：家长自己都没有以身作则。

有个词是上行下效。在家里，家长的千言万语都抵不过自己的实际行为。如果家长自己都无法以身作则，而仅仅是把要养成良好的行为习惯挂在嘴边，孩子的模仿能力可是极强的，耳濡目染之下，孩子也会逐渐习得家长的实际行为。

比如孩子做作业时，爸爸在一旁打游戏，妈妈坐在孩子后方看电视剧，不时还会由于剧中的搞笑情节发出“咯咯咯”的笑声。孩子也会感觉不公平啊：凭什么我在辛辛苦苦做作业，你们却一人一个手机在娱乐？

原因三：你们陷入了权力的争夺。

如果你不了解少年儿童的心理，你可能未必知道：无论是家长的无奈还是愤怒，都能激起孩子的成就感，所以在一次次相似的场景中，“顶嘴”就会不断重演。

没错，这就是权力的争夺，孩子非常希望家里是自己说了算。尤其当双方越来越愤怒的时候，孩子顶嘴会使你们陷入拉锯战，两方“火力”持续升级，愈演愈烈。**权力的争夺之下，没有赢家。**

3 个策略，应对孩子顶嘴的问题

策略一：通过“咒语”，改善沟通方式。

既然我们理解“吼叫打骂”会导致边际效益递减（即相同

的刺激会导致效果越来越弱），“反复唠叨”会产生超限效应，“反问质疑”会激起你们之间的对抗情绪，那么在又一次习惯性地想要“吼叫打骂、反复唠叨和反问质疑”时，不妨设法使用“咒语”让自己慢下来。

还记得吗？**刺激与回应之间存在一段距离，成长和幸福的关键就在那里。**熟读这句“咒语”，让它变得如手机信息弹窗一般，这样在面对类似场景时，你的大脑里会自动跳出这句“咒语”，令你当知当觉。那么你就能有效地改善沟通方式，用更平和淡定的语气，向孩子进行更有效的表达。

策略二：通过“以身作则”，产生良好的“上行下效”。

你可以和爱人约定，在孩子面前，尽可能地互相提醒。在陪伴孩子学习的时候，选择不玩手机，可以看一本有趣的纸质书，或者用笔记本电脑做更多和学习相关的事情。比如我自己就经常一边陪伴孩子学习，一边坐在旁边写作。

当孩子看到家长都在努力学习、努力工作的时候，这个房间里就能形成一种良好的“场”，孩子的不公平感也会消失。他做他的作业，你做你的工作，这个场景，不“香”吗？太“香”了！

策略三：通过“提供选择权”，给孩子掌控感。

我们说：父母应如灯盏，而非拐杖。灯盏，意味着我们是孩子的引领者，而非控制者。引领者，意味着我们不应安排孩子的人生，而应陪伴孩子更好地长大成人。

所以，与其把我们认为“唯一好”的建议硬塞给孩子，还不如给孩子提供选项，通过“提供选择权”，让孩子拥有掌控感。

比如，你可以把“都休息10分钟了，快去做作业！”这个命令式的句子变成3个选项。

> 选项一：要么你现在去做作业，晚饭后可以再休息15分钟。
>
> 选项二：要么你可以再休息5分钟，晚饭后休息10分钟就去做作业。
>
> 选项三：你也可以现在再休息15分钟，不过晚饭后就不休息了，直接去做作业。

尽管总的休息时间不变，但当一个决定是孩子自己做出来的时，孩子就会有一种掌控感，有了这种掌控感，他就不容易再和你进行权力的争夺了。

最后的话

孩子爱顶嘴，家长要全面地理解顶嘴背后的原因。

原因一：家长的沟通方式不当。

原因二：家长自己都没有以身作则。

原因三：你们陷入了权力的争夺。

为了应对孩子顶嘴的问题，家长可以践行以下 3 个策略。

策略一：通过“咒语”，改善沟通方式。

策略二：通过“以身作则”，产生良好的“上行下效”。

策略三：通过“提供选择权”，给孩子掌控感。

在你的引导下，孩子一定可以消除情绪化、不公平感，拥有掌控感，健康成长。

孩子不肯运动，该不该管，怎么管？

你的孩子爱运动吗？如果孩子不肯运动，到底该不该管呢？要想弄明白这个问题，我们先来看看 3 个事实。

为什么要鼓励孩子运动？

事实一：运动能增强记忆力，提升学习效果。

《运动改造大脑》的作者之一，哈佛大学医学院教授约翰·瑞迪曾经分享过一个实验。实验人员用小白鼠进行实验，这些小白鼠被分为两组，一组是运动组，另一组则是对照组。一段时间后，实验人员解剖小白鼠后发现：运动组小白鼠海马体（负责记忆功能）中新干细胞的数量是对照组小白鼠的两倍。可见，运动相当于给计算机增加了内存，能强化孩子的大脑功能，继而帮助孩子在文言文背诵、英语单词记忆等场景中提升学习效果。

事实二：运动能让孩子感到快乐，减轻压力。

研究发现，人体的 4 种“快乐”激素——血清素、多巴胺、内啡肽、催产素中，除了催产素外，其他 3 种都可以被中等强度的运动激活。其中血清素能帮助孩子释放压力，多巴胺则是快乐因子，内啡肽这种补偿机制更是能使孩子产生满足感与愉悦感。孩子的内心会随着内啡肽的分泌充满平和与喜悦。难怪南京理工大学的一项研究显示：爱运动的孩子更少出现郁郁寡欢的情况。

事实三：运动能帮助孩子长高。

有研究表明，除了提升学习效果和减轻压力，运动还能有效帮助孩子长高。比如跳绳可以刺激全身各关节的活动，促进骨骼生长；球类运动如篮球、排球、羽毛球，也都能让孩子的韧带获得拉伸，促进生长激素的分泌；做引体向上时，身体会自然下垂，这样能很好地拉伸脊柱，促进脊柱骨增生，激活关节，从而帮助孩子长高。哪个家长不希望自己的儿子挺拔高大？哪个家长不希望自己的女儿亭亭玉立？运动，真能帮助孩子长高。

孩子不肯运动，怎么办？

看到这里，你可能会说：“不用你说，我都知道运动对孩子好。可我家孩子就是懒，不愿意运动，拉都拉不动，难道我又要走‘控制型家长’的老路吗？”

我想说：很遗憾，控制型家长也做不到让孩子运动起来，而且家长越强迫孩子运动，孩子越反感，反而更不愿意动了。那怎么办？可以尝试以下4个策略。

策略一：通过动画片，激发兴趣。

《小王子》的作者安托万·德·圣埃克苏佩里曾说：**“如果你想造一艘船，先不要雇人去收集木头，也不要给他们分配任何任务，而是去激发他们对海洋的渴望。”**同样，要让孩子真正运动起来，也不要先去买运动装备，更不要强制安排运动任务，而是去激发他对某项运动的渴望。

具体要怎么做呢？你还记得我们小时候，为什么突然有很多同学喜欢踢球，突然有大量同学爱上打篮球，突然有人开始打起了网球吗？是的，因为当时《足球小将》《灌篮高手》《网球王子》热播，看了这些动画片，少年时的我们燃起了对这些运动的渴望。

所以今天，已经成为家长的我们，完全可以带孩子一起看这些运动题材的动画片，从而激发孩子的兴趣，让他们和当时的我们一样，对某项运动产生兴趣。

策略二：通过微目标，让孩子逐渐养成运动习惯。

所谓微目标，就是一个小到不可思议的目标。比如你可以要求孩子每天只跳 2 下绳，摸 2 次高，跑 30 秒步。为什么要求那么低呢？因为哪怕是成年人，尽管都知道运动对身体有好处，还是有很多人动不起来。因为大脑会畏难，面对一个每天跑 5 公里的任务，想想都觉得累。所以与其一上来就提出很高的目标，最后不了了之；还不如先提出一个微目标，动起来再说。

你别看只要求跳 2 下绳，只要运动鞋穿好了，跳绳拿在手里了，人也跳起来了，惯性的作用就会帮助孩子从跳 2 下到跳十几二十下，甚至更多。而且哪怕某一天他真的很累，只跳了 2 下绳，没有关系，他当天的任务也圆满完成了。这种完成任务的感觉会在大脑中形成一种正反馈，会激励孩子明天继续跳绳。

策略三：通过让孩子做选择题，让他拥有运动的掌控感。

让孩子做选择题的策略我们已经多次使用过，相信你已经很熟练了。在邀请孩子运动的场景中，我们依旧可以使用这种策略。比如社区里没有篮球场，但有一个小广场可以用来扔飞盘或者打羽毛球。

此时，你就可以把选择权交给孩子。比如周日的早晨，你可以问他："你要在家里跳绳，还是去社区小广场扔飞盘或者打羽毛球呢？"当孩子拥有了对运动项目的选择权，他就有了掌控感，不会觉得这又是你逼他去完成的任务，他答应去运动的概率就会大大增加。

策略四：通过抢占式运动，把某项运动固化为特定时间的必做项目。

什么是抢占式运动？就是安排固定的时间进行固定项目的运动。当践行了以上策略后，你大概率已经让孩子运动了起来。接下来，就可以把孩子特别喜爱的某项运动固化为特定时间的必做项目。

比如，每周六下午 2 点去打篮球，又或者每天晚上 9 点做 10 次摸高跳跃。一旦你和孩子商量着实行抢占式运动，这项运动就如同每天都要洗脸刷牙一般，变得特别容易坚持。而从这一天开始，你的孩子也将享受到运动带给他的多重好处。

最后的话

如果孩子不肯运动，家长对于运动的 3 个事实要懂、4 个策略要用。

3 个事实。

事实一：运动能增强记忆力，提升学习效果。

事实二：运动能让孩子感到快乐，减轻压力。

事实三：运动能帮助孩子长高。

4 个策略。

策略一：通过动画片，激发兴趣。

策略二：通过微目标，让孩子逐渐养成运动习惯。

策略三：通过让孩子做选择题，让他拥有运动的掌控感。

策略四：通过抢占式运动，把某项运动固化为特定时间的必做项目。

孩子竞选班干部，该不该管，怎么管？

你希望自己的孩子竞选班干部吗？有些家长认为，应当顺其自然；有些家长则持相反的态度。我的观点是，**做任何事情都要厘清这件事情的必要性。**

不要在不需要管孩子的时候选择拼命管，也不要在需要管孩子的时候选择不管。

曾有一位前辈向我分享过这么一段话，让我深刻地理解了孩子成为班干部的必要性。

> 如果一个人在中小学被选为班干部，老师有什么事情往往都会找他去做。尽管他不知道做这些事情有什么好处，更不知道这样做是否可能会在中、高考时给他加分，但他就是去做了，任何脏活、累活都做。同学之间发生矛盾，他也会去调节。之后上高中、大学，他可能一路都被

任命为班干部。此时，他与老师、同学沟通的能力会由于长期的锻炼，比普通同学强一大截。

于是，当这位班干部踏入职场后，他的向上管理能力和平行沟通能力都比普通员工强。

看完这段话，我相信你的心里已经有了答案。理解了“必要性”，下一个问题是“怎么做”。

心理篇：有胜任感的孩子，更容易成为班干部

如果回忆自己的学生时代，我们通常会觉得那些当班干部的同学似乎本就该当班干部。为什么我们会产生这种感觉呢？因为在这些班干部的身上，我们能感受到“胜任感”。

什么是胜任感？它是指个体在各种活动中，通过表现出成功的行为和较强的能力所获得的一种积极的自我价值感。通俗地说，它既包含“我相信我自己”，也有“我相信我能完成某件事情”的意思。

要帮助孩子建立胜任感，可以从下面 3 个步骤着手。

第一步：达成任务目标。

如果一个班级会有 1 个大队长、1 个班长、5 个中队委员和

7个小队长，班干部总共14人。所以，如果要给孩子设定一个目标，那就可以设定为如何考入班级前14名。尽管考入前14名未必一定能成为班干部，但至少可以让孩子打心底里认为自己具备成为班干部的资格。此时，就完成了建立胜任感的初级阶段。

关于如何提升学习成绩，你可以阅读我的另一本书《抢分》，将有效的学习策略分享给你的孩子；如果他已经上中学了，让他自学都可以。

第二步：让孩子不断超越过去的自己。

不断超越过去的自己是为了将这种胜任感稳定下来。我们依旧以提高学习成绩为例，如果孩子能稳中有升，甚至比之前进步很多，那么孩子就不会有侥幸感，胜任感就会更稳定。

而且这种稳定的胜任感还是双向的，即稳定的成绩还能将自己在不断进步的信息传达给老师。根据心理学中的罗森塔尔效应，老师对学生的殷切希望能戏剧性地收到预期效果。如此一来，就形成了“孩子传达出自己的进步信息；老师觉得孩子进步了；孩子果真进步了，传达出更多进步信息”的良性循环。

第三步：让孩子感觉到自己在群体中很优秀。

如果多次期中、期末考试的成绩良好，孩子就会打心底里感到自豪，他会觉得自己“很厉害”。有了这样的“获胜”体验，在学习中遇到困难时，他就能自发地去设法克服，从而获得程度更深和更稳定的胜任感。于是，在班干部竞选的时候，孩子就更可能脱颖而出。

技巧篇：3 种策略，走在成为班干部的路上

你可能会说："我当然也希望孩子的学习成绩能不断提升，通过成绩排名靠前，自然而然地成为班干部。但目前我家孩子的成绩还未见起色，除了提升学习成绩来获得胜任感，继而成为班干部之外，还有什么其他的策略吗？"

策略一：先成为课代表。

如果你仔细观察，会发现课代表往往是班干部的预备人选。如果孩子能成为某一科目的课代表，那么他未来成为班干部的概率也会大大增加。可是孩子可能会说："目前课代表的位置都已经被占了呀！"没关系，上初中后，诸如地理、生物、历史、物理、化学这些科目会逐步映入孩子的眼帘，家长可引导孩子在某门科目刚开课的时候积极主动地毛遂自荐，争取成为课代表，这样他就踏出了成为班干部的第一步。

策略二：主动提问，多帮老师做事。

和老师走得近的孩子更容易被关注（没办法，人性就是如此）。无论是向老师多提问，还是在老师需要的时候主动提供帮

助，都能让老师更关注孩子。这样，当机会来临的时候，老师就有一定的概率主动推选你的孩子成为班干部。

策略三：拿到高分时勤感谢。

孩子的成绩始终名列前茅是我们最希望看到的，但哪怕孩子的成绩不稳定，家长也能找到时机帮助孩子。比如当孩子在某个科目上偶尔拿到高分时，家长通过微信私信发送试卷照片，并附上一些简短的感激之辞，也能加深孩子给该科老师留下的印象。

这些策略看似“功利”，却十分有效。需要注意的是，它们都有一个非常重要的前提：那就是务必先和孩子达成一致，让他也认识到成为班干部的必要性。否则你的干预和助攻又会变成另一种形式的控制。当孩子认同该目标，同时也认同走向该目标的路径时，你们必然可以实现目标。

最后的话

孩子竞选班干部时，厘清目标的必要性是第一要务。

在心理上，帮助孩子培养胜任感。

第一步：达成任务目标。

第二步：让孩子不断超越过去的自己。

第三步：让孩子感觉到自己在群体中很优秀。

在技巧上，用 3 种策略，帮助孩子成为班干部。

策略一：先成为课代表。

策略二：主动提问，多帮老师做事。

策略三：拿到高分时勤感谢。

当然，这一切的前提是孩子能和你就目标达成一致。

最后，祝福你的孩子，祝他早日成为班干部，将来拥有更强的向上沟通和平行沟通的能力。

04

降低控制欲

你需要的 3 种工具

锻炼情绪肌肉，夺回大脑主动权

之前的内容讲的都是策略；在这一部分，我会分享 3 种有效的工具，帮助你提升控制控制欲以及管理自身情绪的能力。

为什么正念冥想能锻炼情绪肌肉？

情绪肌肉是一种比喻。当我们面对现实世界中的重物时，要将其“拿得起，放得下”，我们依靠的是手臂、腰部和腿部等部位的肌肉。同样，在精神世界中，面对一个刺激性事件，我们要做到“拿得起，放得下”，依靠的则是我们的情绪肌肉。

当你拥有强大的情绪肌肉后，你不仅可以拥有更稳定的情绪，而且对于来自孩子的一些刺激，你也更容易做到举重若轻，它能帮助你不再轻易陷入情绪化，而是可以心平气和地使用我们介绍过的一系列策略。而锻炼情绪肌肉的有效途径正是正念冥想。

你可能会很好奇，为什么正念冥想能锻炼情绪肌肉呢？我们来看下面这 3 个事实。

第一，正念冥想能有效降低压力水平。我们都知道，当压力水平高的时候，我们的情绪更容易崩溃。而《十分钟冥想》的作者，正念冥想专家安迪·普迪科姆则分享过一个降低抑郁症患者症状复发率的随机对照实验。实验人员通过半年的时间，分别对之后进行了正念冥想练习的患者群体和仅接受药物治疗的患者群体进行追踪。追踪结果显示，有 75% 的正念冥想练习患者在只有半年的时间里已经可以停止药物治疗了，而且他们还纷纷表示生活质量提升了许多。

第二，正念冥想能有效改善睡眠，治疗失眠。有过失眠经历的人都知道，经常失眠会导致神经衰弱、易怒、情绪不稳定。而根据 2009 年斯坦福大学的研究结果，6 周的正念冥想课程就可以有效地帮助失眠的人加速入眠：从原本平均需要 30 分钟才能入眠，缩短到平均 15 分钟就可以入眠。

第三，正念冥想还能增加大脑灰质，避免情绪控制力降低。我们都知道，大脑前边缘系统区域负责控制人的情绪。而情绪控制区的灰质过少则会引发情绪控制力显著降低的间歇性爆发障碍，它是一种间歇性、易复发、易冲动的攻击性行为，比躁郁症和精神分裂症更为常见。而健康心理学家凯利·麦格尼格尔在《自控力：斯坦福大学广受欢迎的心理学课程》一书中指出：根据神经学家的研究，如果一个人经常冥想，他的大脑灰质就会增多，因此，其大脑前边缘系统区域控制情绪的能力就会随之增强，从而能有效地规避情绪控制力降低的问题。

3 种正念冥想方式，总有一种适合你

现在，你已经知道了冥想对于锻炼情绪肌肉的益处，那么，具体该如何练习正念冥想呢？总共有 3 种方式。

第一种，专注呼吸的正念冥想。专注呼吸的正念冥想是最容易上手的冥想方式之一，你只需要一把椅子就能随时随地开始练习。闭上眼睛，轻轻地把双手放在自己的大腿上，然后把注意力集中在自己的呼吸上。在此过程中，一定有无数的念头会从你的脑海里冒出来，比如孩子这次又没考好，老公最近回家比较晚，等等。这是十分正常的情况，当你发现自己的注意力被这些念头转移之后，重新把注意力集中在自己的呼吸上就可以了。

是的，“正念”这个词不仅可作为名词使用，而且可作为动词使用，它是你把游移的心智重新拉回来的一个过程，你每拉一次，就相当于用情绪肌肉举了一次哑铃，让情绪肌肉得到了一次

锻炼。

第二种，聆听声音的正念冥想。当你没有条件坐在椅子上时，练习聆听声音的正念冥想更不易受客观条件的约束。比如你可以现在就闭上眼睛，认真去聆听一些声音，如窗外的鸟叫声、马路上汽车行驶的声音、周围人的窃窃私语。如果什么声音都没有，寂静也是一种“声音”。

同样，在你聆听声音的时候，心智也必定会发生游移。每发生一次游移，每出现一个新的念头，重新把注意力拉回到你聆听的声音上，这样你不仅可以锻炼情绪肌肉，随着练习次数增加，你的听力也会变得更敏锐，那些被普通人忽略的声音你都可能捕捉到。

第三种，仔细感受的正念冥想。聆听声音时，你调动的是听觉；仔细感受时，你调动的则是触觉。怎么做呢？比如你可以现在就体会一下你的脚底与鞋子接触的感觉；如果你拿着手机，你也可以仔细体会一下手掌托着手机的重量感。当心智游移发生时，把注意力再拉回来就可以了。是不是很简单？

事实上，我们之所以把上面这 3 种正念冥想方式称为练习，是因为它不是你知道是怎么回事就有效果。它和练习举哑铃、跳绳一样，是需要我们不断去践行的。

因此，在最开始的时候，你可以用手机定一个闹钟，提醒自己每天练习 1 分钟即可；在练习了 15 天或 1 个月后，把练习的时间逐渐延长，调整到每天练习 20 分钟左右。当你能像每天起床后就刷牙一样，把练习正念冥想固化成你的习惯后，你的压力水平会不断降低，你的睡眠质量会变得越来越好，你大脑的灰质也会逐渐增多。届时，你就有更强的力量夺回大脑的主动权，拥有强大的情绪管理能力了。

最后的话

提升自身情绪管理能力的第一种工具是正念冥想。

正念冥想之所以有效，在于它能：有效降低压力水平；有效改善睡眠，治疗失眠；增加大脑灰质，避免情绪控制力降低。

为了养成正念冥想这种习惯，你可以从专注呼吸的正念冥想、聆听声音的正念冥想或者仔细感受的正念冥想 3 种方式中挑选一种适合自己的来练习。

当你能从每天练习 1 分钟坚持到每天练习 20 分钟左右后，你的情绪管理能力大概率会获得显著提升。

学会情绪 ABCDE 理论，换种视角看问题

周六，你的孩子刚吃完早饭就准备出去和同学玩。可是，在孩子出门前，你发现他的作业还没写完。你告诉他希望他把作业全部完成后再出去。结果孩子不愿意，你们两个人陷入冲突，大吵一架后，他把自己锁在屋子里，人虽然没出去，但装着作业的书包却也搁在客厅沙发上。你和孩子各自期待达成的目标，都没有达成。

显然，这是一个双输的局面，这是任何一个家长都不想看到的。可是，我们究竟应该如何避免这种局面再次出现呢？我的答案是：你需要掌握情绪 ABCDE 理论这种工具。

情绪 ABCDE 理论

什么是情绪 ABCDE 理论？情绪 ABCDE 理论是由美国心理学家艾

贝特·埃利斯在 20 世纪 50 年代提出的一种心理工具，它能帮助人们通过一定的策略来解决由于原有信念而产生的情绪困扰问题。

在该理论中，ABCDE 这 5 个字母分别是不同英语单词的首字母。

A 是 Antecedent，是指一个事件发生了。该事件通常是一个能让你产生负面情绪的事件。

B 是 Belief，即你的信念，是你最初涌现出的本能想法。

C 是 Consequence，是该事件在你的信念加工下让你产生的情绪反应。

D 是 Disputation，是你对先前信念的反驳。

E 是 Exchange，则是通过反驳先前信念，交换得出新的情绪反应。

这么说有些抽象，下面我将用一个思想实验来带你直观地感受一下这一过程。

假设你现在正坐在公园的一张长椅上，你一边喝着咖啡，一边看着书，你很喜欢这本家庭育儿类的书。当你看得有些累了的时候，你把书和咖啡放在一旁，伸了一个懒腰，然后闭上眼睛想休息一会儿。

正当你感受着春天的微风在面颊边拂过时，你忽然听到旁边有水洒了的声音，你睁开眼睛一看，哎呀，这下糟了，一个“冒失鬼”坐了下来，把你的咖啡碰倒了，你的书也被咖啡弄湿了！

此时，请感受一下自己的情绪，你是不是有点惋惜，甚至有点气愤？这人怎么随便就把别人的东西给碰倒了呢？

可是还没等你开口，你再仔细一看，原来这是个盲人。再感受一下自己的情绪，此时此刻，你又可能怎么想？

你是不是会庆幸，还好没有把什么尖锐的东西放在旁边，否则可就危险了？

好了，让我们结束这个思想实验。

在整个过程中，我带你经历了一遍完整的“ABCDE”过程。

A（事件）：有人碰倒了你的咖啡。

B（信念）：在公共场所，这人怎么就那么冒失呢？！

C（情绪）：心疼咖啡和书，感到气愤。

D（反驳）：原来这是个盲人。

E（交换）：开始庆幸，还好放的不是尖锐物品。

你看，真正影响我们情绪的并不是事件本身，而是我们对于事件的信念。

在现实生活中，如果不了解情绪 ABCDE 理论这种工具，我们在遇到压力事件或冲突事件时，情绪管理流程走到 C 就结束了。只有掌握了这种工具，刻意地反驳自己未必有效的本能信念，我们才能真正换个角度看问题，才能冷静地解决问题。

情绪 ABCDE 理论在家庭育儿场景中的应用

现在，让我们一起回到最开始的案例，孩子吃完早饭，在作业还没写完的情况下就想出去和同学玩，这是事件（A）。很多家长在遇到这类事件时，会本能地产生控制欲，如果孩子不愿意顺从，**家长的无名火就会冒出来，这是情绪反应（C）**。

但实际上，情绪反应（C）并不是自动冒出来的，而是在家长的信念（B）的加工下产生的。该信念很可能是：孩子应当在作业全部做完的情况下再出去玩。

我们在之前的内容中反复强调过：刺激（A）与回应（C）之间存在一段距离，成长和幸福的秘密就在那里。这里所说的“距离”其实就是要改变信念（B）。对“孩子应当在作业全部做完的情况下再出去玩”的信念（B）进行反驳（D）：孩子平时社交活动就少，偶尔出去玩一次，不是正好可以提升孩子的社交能力吗？社交能力不比学校里的作业重要吗？这不，明天还是周日，周日再完成作业不也来得及吗？

当你的反驳（D）成功地改变了原有的信念（B）时，交换

（E）就产生了，全新而良好的情绪反应就可以有效地助推你采取对彼此都友善的行动。

在家庭育儿场景中，当你再次遇到类似的事件时，你还可以践行 PEADS 法则。

P：Perceive，觉察。控制欲再次出现时，你可以选择先觉察：哦，我现在有负面情绪了。

E：Endure，忍耐。先忍一忍，比如默数 5 秒，深呼吸，待会儿再把想说的话说出口。

A：Awareness，意识。你可以问自己：我现在之所以会有这种负面情绪，背后的信念是什么？

D：Disputation，反驳。你可以问自己：我的信念真的正确吗？有没有既支持孩子行为，又能看到事件积极面的全新信念？

S：Seek common ground，求同。使用全新的信念与孩子聊一聊，求同存异，尽可能达成共识，设法双赢。

你看，当你熟练地掌握了情绪 ABCDE 理论这种工具，并且使用 PEADS 法则去践行，你就相当于戴上了一副全新的眼镜，可以用一种与以前全然不同的眼光来看待自己在家庭育儿场景中遇到的各类事件。这种工具是不是就能保护你的注意力于无形，将你和孩子的时间、精力、心理能量都保存下来，然后把这些稀缺资源投入对你们更有意义的共识、计划和行动中去呢？

最后的话

提升自身情绪管理能力，为彼此找到有效解决方案的第二种工具是情绪 ABCDE 理论。

A：Antecedent，事件。

B：Belief，信念。

C：Consequence，情绪。

D：Disputation，反驳。

E：Exchange，交换得出新的情绪反应。

其中，真正影响我们情绪的并不是事件本身，而是我们对于事件的信念。

在家庭育儿场景中，你可以通过践行 PEADS 法则来摆脱控制欲，与孩子达成共赢。

P：Perceive，觉察。

E：Endure，忍耐。

A：Awareness，意识。

D：Disputation，反驳。

S：Seek common ground，求同。

无法处理情绪，具身认知帮你忙

“你给我出去！”“闭嘴！”此时，父母想掌控一场对话的控制权的欲望已经控制不住了。可是，这个瞬间，又是让很多父母事后十分后悔，却又不好意思承认的瞬间。

是什么让你在这些瞬间好像已经不再是自己身体的主人？是什么让你说出这些伤害孩子的话？又是什么驱使你做出那些急剧拉开与孩子的心理距离，甚至让孩子由于恐惧，从此变得敏感，不敢再靠近你，处处小心的行为呢？

答案是瞬时情绪。

人的瞬时负面情绪有多可怕？

有一句话你可能经常听到：“成年人的崩溃往往就在一瞬间。”这个崩溃的瞬间，就是所谓的瞬时情绪引发的。

一个人的瞬时情绪到底有多可怕？2019 年 1 月 3 日晚，陕西省咸阳市武功县曾经发生过一场家庭悲剧。一位妈妈在家辅导儿子写作业时，因儿子写作业不用心而崩溃，被怒气攻心的她打了儿子。次日凌晨 4 点，妈妈发现孩子呕吐不止，孩子经医院抢救无效死亡。后经法医鉴定，孩子生前曾被多次殴打头部，造成蛛网膜下腔出血，呕吐误吸而引起呼吸道阻塞，窒息死亡。最后妈妈被判了刑，孩子也永远无法回到家人的身边。

如果你无法处理好自己的瞬时负面情绪，就有可能造成类似的悲剧。那么问题就来了，有什么工具可以帮助你在情绪崩溃的边缘“悬崖勒马”，控制住“撒野”的瞬时情绪吗？

下面我会将提升情绪管理能力的第三种工具推荐给你：具身认知。

具身认知

什么是具身认知？它是指生理体验与心理状态之间有着强烈的联系，比如人在开心时会笑，而如果微笑，人也会变得更开心。

美国心理学家曾经做过一个实验，实验人员将大学生随机分成若干个小组，每组有 6 个受试者，实验共有 3 个部分。

第一部分：受试者会被分成两个小组。第一组的受试者被要求低头、耸肩、弯腰，呈现出一种垂头丧气的模样；第二组的受试者则被要求挺直腰背，给人一种趾高气扬的感觉。

第二部分：受试者会被要求去完成一项复杂任务，并且在该任务结束后，实验人员告诉他们任务完成得很出色，会给予他们酬劳。

第三部分：受试者被要求完成一份调查问卷，内容为询问他们此刻的心情，以及他们是否为自己取得的成绩感到满意。

结果显示，第一组的自我满意平均分为 3.25 分，第二组的自我满意平均分则为 5.58 分。

该实验结果显示，情绪是具身的，也就是说，认知并非情绪形成的唯一影响因素，身体以及身体的活动方式都会对情绪形成起到非常显著的作用。

具身认知的两种典型用法

理解了生理体验与心理状态之间存在相互影响的关系，你就可以通过以下两种用法，使用具身认知这种工具来调节自己的情绪。

第一种用法：放低自己的重心。

你有没有听过一个成语，叫作“拍案而起”？拍案，就是拍桌子；拍完桌子后人们往往会站起来，站起来后人们通常会表达愤怒。这是一个非常连贯的动作，也十分符合具身认知的原则，即随着一个人的重心升高，一个人的愤怒就会愈演愈烈；同样，当一个人的重心降低，那么他的愤怒值也会由于具身认知的作用变得更低。

因此，如果你去观察一些企业处理投诉的部门，他们的访客接待室都会摆放一些让人一坐下就陷进去的沙发。这类沙发的设计充分利用了具身认知的原则，试图让原本怒气冲冲来投诉的客户通过客观上降低自己的重心，变得更理性，其瞬时的愤怒值也会因此变得更低。

所以，当下次你发现快要控制不住自己的脾气时，你不如坐下来，最好席地而坐，充分地放低自己的重心，让自己重新回到理性的状态。

第二种用法：皮肤接触法。

另一种用法叫作皮肤接触法，下面我用自己的亲身经历来为你举例。

有一次，我在书房里写作，忽然听到儿子的房间里传来大哭声。我走到他的房门口，看到爱人抓起拖鞋“啪啪啪”地往儿子的手臂上打，一边打，嘴里一边还喊：“你到底在学些什么？这么简单的乘法拆分技巧，你为什么就不会用？！”

儿子被打后，大哭升级成了尖叫，我慢慢走到他们两个人中间，张开双手分别在爱人和儿子的手臂部位摩挲了几下，也不说话，然后看他们到底在讨论哪道题。

我问儿子："这道题目不会，你自己也很着急，对吗？"

"呜呜……嗯。"儿子的哭声小了，但他还是忍不住抽泣。

"你看，"我用手指指着他写的答案，"这道题之所以会错，是因为你跳了一步，你没有把 88×5 拆解成 11×8×5，所以就不容易理解，对不对？"

"我好像会了。"儿子抹了一把眼泪，拿起橡皮把错误的过程和答案擦掉，写上了对的过程和答案。

为什么我不是一上来就阻止爱人打小孩呢？答案是，在爱人情绪激动的情况下与之直接发生冲突，只会火上浇油，让情况变得更糟糕。

所以，我直接先以具身认知中的皮肤接触法安抚双方情绪，摩挲两个人的手臂部位，让他们都能冷静下来；然后通过语言上的共情和沟通，让双方稳住情绪，再解决具体的问题。

最后的话

不注意控制瞬时情绪，往往容易做出让自己事后后悔的行为。我们可以通过引入具身认知这种工具来有效地控制瞬时情绪。

具身认知有两种典型用法。

第一，放低自己的重心。

第二，皮肤接触法。

最后，让我们再回顾一下在本部分 3 个小节中我向你介绍的 3 种工具。

第一种工具，正念冥想。它解决的是长期“修炼”的问题，它好比锻炼，会让你的情绪肌肉越来越强大。

第二种工具，情绪 ABCDE 理论。它解决的是情绪反应过程中的问题，它类似“修行”，能让你在刺激与回应之间，逐渐获得成长和幸福。

第三种工具，具身认知。它解决的是瞬时情绪的问题，它类似“急救”，让你在理智尚存的时刻通过一些马上就能做出的简单行动改善自己的情绪状态。

05

高情商策略

如果你也在忍受他人的控制欲

如何巧妙地和“控制狂”相处？

有个很残酷的事实：很多受到原生家庭伤害的人，长大后会慢慢变成父母的样子。这仿佛是一个循环。如果你是一个控制欲很强的人，大概率你也正（曾）忍受别人对你施加的控制欲。该如何打破这个循环呢？

有一句话很俏皮，但说出了真相：**能改变自己的人是神，想改变别人的人是神经病**。

本书前面的内容都是帮助你改变自己，但如果你遇到想要设法改变你、牢牢控制你的“控制狂”，学会巧妙地和他们相处是你幸福生活的必修课。

下面我就来与你分享如何巧妙地和“控制狂”相处。有 3 个步骤，缺一不可。

步骤一：做好心理建设

《孙子兵法·势篇》中说：**“故善战者，求之于势，不责于人。”**意思是：善于作战的人，追求的是如何形成对自己有利的作战态势，而不是苛责真实战斗发生时人的具体表现。因此，形成有利的态势，是巧妙应对“控制狂”的关键。

尽管和“控制狂”相处是困难的，但如果你一不小心遇到了一个“控制狂”，他在想方设法控制你，你就要在和他“短兵相接”之前，先做好下面这 3 个心理建设，形成有利的态势。

第一，放下改变“控制狂”的期待。无论这个“控制狂”与你是什么关系，如果对方不是自己想改变，别人想要改变他的控制欲是极难做到的。哪怕他嘴上说会改变，但身体通常都很诚实，常年的习性并不是一朝一夕就会发生变化的。所以，你一定要放下改变“控制狂”的期待，因为期望越大，失望越大。当你能打消自己改变对方的念头时，你就做好了与他相处的基础准备。

第二，提醒自己，他对谁都一样。我们在前面的内容中曾经分析过，控制欲的本质是缺乏边界感、安全感和同理心。这些都是“控制狂”有强控制欲的深层次的内部原因，所以他对谁都是这样，与你表现出的特质并没有太强的相关性。当你能明确地意识到对方并不只是针对你，你就更不容易有紧绷感，从而拥有更强大的内心。

第三，避免立即反应。你还记得那句“咒语”吗？刺激与回应之间存在一段距离，成长和幸福的关键就在那里。面对“控制狂”，这句“咒语”同样适用。很多缺乏经验的人在面对“控制狂”的时候会立即反应，这很容易把自己和“控制狂”一起拖入争执的泥潭中。而懂得避免立即反应的你，则可以给彼此腾出必要的空间和时间，让彼此，尤其让自己冷静。

步骤二：宣布和明确底线

第一，清楚自己的底线。“控制狂”有一个最大的特点，就是得寸进尺，并且以此为乐。所以，在和“控制狂”相处时，你首先要知道自己的底线是什么，他做了什么事情会特别让你不舒服。比如有些“控制狂”极度缺乏边界感，晚上临睡觉前还喜欢给你打电话，拖着你聊天。如果你对此类事件十分反感，就务必要清楚自己的底线在哪里，明确你最不希望别人对你做哪些事情。

第二，直接说明底线。“控制狂”缺乏同理心，你如果不直接说出来，他永远也不知道你已经忍他很久了。所以，一定要非常明确地告诉对方你的底线是什么，有什么事情你是非常反感的。只有把这些提前都向“控制狂”说清楚了，他才可能稍有收敛。

第三，必要时果断提醒。“控制狂”经常容易忘记你的底线，或者尽管清楚你的底线，也会不经意间在你的底线附近试探。比如你明明已经告诉过他不要随便乱翻你的抽屉，但“控制狂”不管，他在好奇心强烈的时候，有可能会把和你的约定抛到九霄云外。如果你看到了并选择容忍，那他就会把你的容忍视为同意的信号。所以，面对“控制狂”，对方“踩线”时，你要果断提醒。

步骤三：从容应对“控制狂”

现在，你已经完成了前两个步骤，良好的态势已经形成。此时，就到了真正“短兵相接”的时刻了。在具体与“控制狂”“过招”的时候，你可以通过下面这 3 个行动来从容应对。

行动一：对非关键问题不做解释和争辩。“控制狂”总喜欢凌驾于别人之上，也非常擅长在毫无意义的争论中占据上风。所以在遇到“控制狂”和你就某件具体但不重要的事情意见不一致时，不妨不做解释和争辩，把胜利的感觉留给他。比如你们在讨论要买什么颜色的餐具时，“控制狂”喜欢蓝色；你虽然喜欢红色，但无论蓝色还是红色并不重要，所以你完全可以不做解释和争辩，顺从一次也没关系。

行动二：对关键问题，搁置争议，协同第三方力量。对于不重要的问题表示顺从是没问题的，但倘若是关键问题，怎么办？比如你们要进行一项大额投资，“控制狂”很希望投资 A 项目，而你则期待投资 B 项目。你觉得要说服他很累，怎么办？此时，你不如在正式沟通前，先和同样具有一定影响力的第三方沟通，然后用你们达成一致的结论一起去影响他。此时，“控制狂”在你们双方力量的影响下，更容易妥协。

行动三：通过提问，帮助对方找到控制背后的原因。“控制狂”也是人，是人就并非每时每刻都是理性的。有时候，“控制狂”并非没有意识到自己的控制欲是没有依凭的，这本质上是他深层次的情绪问题。所以，在他设法控制你的时候，与其讨论表面问题，不如点破他深层次的情绪问题，这样更容易让他放下控制欲。

比如不少“控制狂”同时也有洁癖，如果你在享用了一杯速溶奶茶后，由于在回一条微信消息而没有及时把塑料包装扔进垃圾箱，他会非常难受。在他问你“为什么不先扔垃圾再回消息”时，你不妨通过提问让他从无意识状态切换到有意识状态。比如你可以这样问：“你希望我先扔垃圾再回消息是有什么原因吗？”当他发现自己无法有理有据地回答你时，他会注意到自己现在正在被某种深层次的情绪驱动。

最后的话

和“控制狂”相处并非美好的体验，所以你需要学会如何巧妙地和他们相处。

步骤一：做好心理建设，形成对自己有利的态势。

步骤二：宣布和明确底线，清楚自己的底线并向“控制狂”说明，必要时果断提醒。

步骤三：从容应对“控制狂”。对非关键问题不做解释和争辩；对关键问题，搁置争议，协同第三方力量；通过提问，帮助对方找到控制背后的原因。

希望你学会这 3 个步骤后，能让彼此相处得更舒适。

怎样高情商地与权威沟通?

权威，虽然并不一定就是“控制狂”，但却或多或少比普通人拥有更强的控制欲。领导之于下属是权威，父母之于子女也是权威。面对权威，怎样高情商地与他们沟通，达到目标，又能承接情绪，让彼此都舒服，这的确是一门学问。

下面我会和你分享一个心法和一个技法，让你在和权威沟通的场景中，做到游刃有余。

一个心法：保持松弛感

我们前面讲过松弛感，它是一种“不以物喜，不以己悲”，可以随时保持轻松自在、从容不迫的情绪的自由状态。假如一个人具备了由内而外的松弛感，他就更不容易被情绪左右，在别人慌了神或者愤怒的时候更容易冷静；在普通人只能做出应激反应的刹那更趋于做出正确的决策并付诸行动。

比如有一位年轻的女化学家，她的领导是行业知名专家，但脾气暴躁，控制欲非常强。一次，她把一篇重要论文交给该领导后，这位领导完全看不惯她的写法，情绪激动地说“这篇论文写得像垃圾”，并把它们揉成一团，直接扔到了废纸篓里。请想象一下，如果你被如此对待，在当时当刻会做何反应？是的，普通人在这种场景下很可能就会进入情绪陷阱，不是吓得不敢说话，就是与之发生争执，甚至拂袖而去。

但这位年轻的女化学家却毫不在意，而是对领导说：**“领导，您说我的论文写得不行，我承认。不过这也是我愿意追随您的原因。因为每次我读您的论文，都觉得逻辑结构特别清晰，非常有收获。与此同时，我们这项研究的成果非常重要，如果论文能写好，就会对行业产生巨大的影响。所以，您能否给我一些建议，帮助我写好这篇论文？”**

结果你猜怎么着？暴脾气的领导被女化学家这番既有事实又有请求还略带褒奖的话打动了，两个人从废纸篓里翻出了论文，然后一起着手修改起来。

抛开这位女化学家的语言技巧不谈，她的松弛冷静显然让她获益。这样的次数多了，她这样的人自然会让人们打心底里觉得可靠，长此以往必然逐渐形成影响力，在周围人的心里成为可以合作甚至能依靠的对象。

一个技法：非暴力倾听

你可能听过非暴力沟通，但未必听过非暴力倾听。非暴力沟通是美国威斯康星大学临床心理学博士马歇尔·卢森堡的观点，它是一种通过一定的步骤实现既可坦诚表达自己意愿，又能倾听他人内心感受，继而避免有意或无意忽略对方感受或需要而带来伤害的有效沟通方法。

而非暴力倾听则是反过来使用的。我们从沟通输出者的位置站到了倾听接收者的位置，通过非暴力倾听，来吸收和承接来自权威的控制语言背后的感受、事实和观点、需要、请求。

比如你的母亲（权威）突然给你发了好几条长达 60 秒的微信语音，内容都是在抱怨，和你说了好几件事情。其中包括：你姑妈的微信朋友圈屏蔽了她，你爸爸最近好像总有事情瞒着她，你和你哥哥已经很久没去看她了。这些内容逻辑不清不说，言语中还有责怪你的意味。

好了，问题来了。这个时候你应该怎么高情商地回应呢？如果你开始解释自己最近有多忙，没时间回家，把话题往自己身上引，那么你就“输”了。要想接住话茬，并把事情往好的方向推进，一个有效的技法就是把母亲输出的内容拆分为4个要素。

要素一：感受。感受是你从对方言语中解析出的情绪要素。喜、怒、哀、惧，这些都是人类最基本的情绪。在以上场景中，母亲的情绪既有怒的成分，也有惧的因素。怒的是你姑妈不受她的控制，竟然在微信朋友圈中屏蔽她；惧，则是焦虑，担心你爸爸有事情瞒着她。

要素二：事实和观点。事实是客观的，是真实发生的事情；而观点，则是主观的，是每个人自己的价值判断。比如在微信朋友圈中被姑妈屏蔽是事实，你爸爸有事情瞒着她则是观点；你和你哥哥已经很久没去看她究竟是事实还是观点呢？答案是也是观点。因为“很久”到底是多久，每个人都有自己不同的看法。

要素三：需要。需要的意思是“有机体感到某种缺乏而力求获得满足的心理需要”，通俗来讲，需要是一个人想要实现某个目标，但在还未实现时心理的匮乏感。在以上场景中，从母亲描述的事实和观点中，你可以看出她有着强烈的情感需要，她现在可能感觉很孤独，感觉对生活失去了掌控感，也不知道到底要做什么才能找回掌控感。

要素四：请求。请求是提出要求，希望需要得到满足。但是很显然，母亲并没有明确地提出请求。不过根据她陈述的感受、事实和观点以及需要，一个很可能正确的潜在请求是，她希望你或者你哥哥，最好能回去看看她。

我们以前一直说“听话要听音”，即要去探察对方一番话背后的真正诉求。有些权威或者由于说话习惯，或者并不方便开诚布公地直接说出诉求，但只要你能学会非暴力倾听，承接对方说话内容中的 4 个要素，那么你就能与之高效地沟通。

最后的话

要想高情商地与权威沟通，有一个心法和一个技法。

一个心法：保持松弛感，不被自己的情绪左右，继而实现自己的目标。

一个技法：非暴力倾听，将权威的语言内容拆分为感受、事实和观点、需要、请求 4 个要素，最后根据请求和实际情况决定是否承接对方的诉求，让彼此都舒服。

减弱另一半控制欲的 3 个关键

假设你的另一半是个控制欲很强的人，喜欢事无巨细地做各种安排，而你则在生活中相对随意，很多时候他规定的事情你无法做到：比如牙膏一定要从尾部挤、拖鞋一定要放整齐、厨房水渍一定要在洗完餐具后用抹布擦掉。

为此，你们经常发生争吵，一些在你看来不是多大的事情没做好，他都会大发雷霆，比如一条毛巾没有展开摆放，他也会把你从客厅叫进洗手间，像指导幼儿园小朋友一样和你说如何摆放。面对这些，你会不会觉得委屈、觉得心累呢？

是的，很多曾经如胶似漆的夫妻正是在这种鸡毛蒜皮的琐事中不断彼此消耗，最后对彼此的热情变得淡如白水，情绪却一触即发。

到底如何才能减弱另一半的控制欲呢？这其中有 3 个关键。

关键一：守护你的边界

人与人之间总有边界，哪怕是多年的夫妻，也是性格不同的个体。而且，就像我们前面说的，一个控制欲强的人往往缺少应有的边界感。因此，守护自己的边界感是减弱对方控制欲的第一个关键。具体要怎么做呢？

第一，学会说“不”。说“不”可以委婉，也可以直接，其中的核心是要让你的伴侣意识到，他碰到你的边界了。因为人会不由自主地试探对方的边界，而当对方明明已经越界，你却没有明确表达的时候，你就会感觉难受，但对方却不自知。不要等到你十分难受，甚至无法控制情绪时才做出反应，而要在对方碰到你的边界时就冷静地说“不”。

第二，表达你的情绪。你还记得吗？表达情绪是一种重要的工具。是的，表达情绪，而不是情绪化地表达。你可以在你感受到伴侣控制欲的时候明确地把自己不好的感受表达出来。当然，沟通时应尽可能心平气和。比如对方又在嘀咕你挤牙膏没有从尾部开始的事情，此时，你可以和伴侣说：“你总是在这种小事上纠结，这让我觉得很困扰，希望你把注意力放在更重要的事情上。”

第三，学会课题分离。当以上两个行动都无效的时候，我们还有最后一个可以实施的内心行动，叫作课题分离。课题分离是心理学家阿德勒提出的一种原则，即分清楚什么是你的课题，什么是我的课题；当分清楚各自的课题时，我不贸然闯进你的课题，也不让你随意进入我的课题，这样彼此都能更舒服。具体来讲，当伴侣由于控制欲“上头”听不进去任何话时，你的内心行动就可以是：“如何说是你的事情，如何反应是我的事情，我只管理好我的课题。”此时，你仍旧可以在心理层面守护自己。

关键二：不讲道理，讲感受

控制欲强的伴侣通常是缺乏同理心的，不过，这并不代表对方无法沟通。

有一次，我加班到很晚才回家，拖着疲惫的身躯走进卧室，只见我爱人躺在床上，跷着二郎腿，拿着手机在看电视剧。她看到我走进房间，竟然指着床头柜上的茶杯对我说：“来，帮我去客厅倒杯水。”

请想象一下，如果你加班到崩溃，爱人却慵懒地躺在床上对你提出这番要求，你会有怎样的感觉？不过我克制住了讲道理的冲动，而是开始讲自己的感受。

我说：**“我今天加班到晚上10点（事实），现在感觉非常疲劳（感受1），在我感觉这么累的时候，你还让我去帮你倒水，我觉得挺委屈的（感受2）。”**这时，爱人发现了自己刚才缺乏同理心的一面，立刻向我道歉。

你看，如果我一本正经甚至情绪激动地去和爱人讲道理，讲“我那么累，你躺在床上看电视剧那么轻松，你居然还叫我帮你倒水，你觉得应该吗？”，这番充满攻击性的话只要一出口，大概率会激起伴侣的防御心理。此时，无论是出于对自己尊严的维护也好，还是因为产生的控制欲也罢，必然会引发一场“家庭深夜战争”。

但我早已知晓：**“家不是一个讲道理的地方，而是一个谈感受的场所。”**伴侣的心是肉长的，你把你的疲劳、委屈用非情绪化的语言平静地讲出来，这样做，大概率可以触发对方的愧疚感，从而让对方理解你的感受，并为自己缺乏同理心的言辞感到惭愧。

关键三：看见对方的改变

我们知道，想要改变他人难如登天。不过，人虽然无法改变，但可以被影响。这种潜移默化的影响，就是“看见”对方的改变。

因为大改变通常都源于小改变，每次对方有小改变之后，如果能获得一次正反馈，这种小改变就容易被固化，而你的“看见”，恰恰就是最有效的正反馈。

比如以前你只要是晚上 9 点以后才回家，你的伴侣就会问东问西，这让你很反感。但经过某次沟通，你加完班到家后，发现爱人坐在客厅里等你，他不仅一句质问的话也没有，而且还嘘寒问暖，问要不要给你准备一些夜宵。这个时候，你就可以对伴侣的小改变给予正反馈，比如你可以给他一个微笑或者一句恰当的感激的话，通过这种方式，表达你对他这次小改变的欣赏。

时间一长，这一个个小的改变将促成更大的改变。此时，另一半的控制欲也就会由于你“看见”他的改变而逐渐被减弱。

最后的话

如果你的另一半具有很强的控制欲，你可以从以下 3 个关键入手。

关键一：守护你的边界。学会说“不”；表达你的情绪；学会课题分离。

关键二：不讲道理，讲感受。家不是一个讲道理的地方，而是一个谈感受的场所。

关键三：看见对方的改变。用你的正面反馈，强化伴侣的小改变。

祝福你，因为你通过自己的努力，成功减弱了另一半的控制欲。

这样与强势婆婆相处，大家都舒服

作为孩子的妈妈，往往有一个很大的痛点，就是如何与婆婆相处。如果对方是个控制欲很强的人，你又没有成熟的解决方案，那么你就会感到非常痛苦。

某奥运冠军曾经就透露过她在怀孕期间的苦楚，当时她没有胃口吃肉，但婆婆控制欲很强，哪怕她百般哀求，婆婆依旧用非常强硬的口吻命令她："不爱吃也要当药吃，因为孩子需要营养，为了孩子，你必须吃。"她迫于无奈吃下油腻的菜肴后，最后不得不跑到厕所狂吐。

那么究竟什么才是成熟的解决方案？到底要如何才能用一种让大家都舒服的方式与婆婆相处呢？下面，我就来说说与婆婆相处的 2 个误区、1 个原则和 3 个场景方案。

2 个误区：委曲就能求全，冲突让对方认输

人类有 2 个最原始的本能：逃跑或者战斗。但这 2 个本能出现在与婆婆相处的场景中，却都是错的。这是为什么呢？

第一，委屈自己就能获得婆婆的尊重。很多妈妈为了孩子的幸福成长和家庭的完整，愿意委屈自己，面对婆婆时处处小心行事。但面对控制欲旺盛的婆婆，妈妈仅仅表现得卑微，处处去讨好婆婆，反而得不到期待的结果。因为媳妇和婆婆在价值观方面很多时候是不一致的，她们之间也没有血缘的纽带，仅仅是因为同一个男人才成为家人。所以，单方面如同女儿对待自己母亲一般与强势的婆婆相处，强势的婆婆往往会变本加厉，期待媳妇越来越顺从自己，这也会让媳妇越来越难受。

第二，发生冲突就能让婆婆敬畏自己。如果你与婆婆都是控制欲"爆棚"的人，当你们之间发生冲突时，最难受的是你的丈夫。他会成为"三夹板"，两头受气。如此一来，婆婆就更容易向你丈夫不断灌输关于你的负面信息。虽然你丈夫知道很多信息未必真实，但听得多了难免也会受到影响。如此一来，非常不利于家庭和睦。

1 个原则：坚定地让爱人与你成为共同体

婆媳关系作为一个千古难题，其本质是什么？

表面的原因：你与丈夫能走到一起，是因为感情；而你和婆婆却未必能产生感情。所以，一旦在同一屋檐下生活，抬头不见低头见，当价值观的冲突与缺乏感情纽带同时存在，婆媳关系就容易产生问题。

但除此之外，还有更深层次的原因：实际上，这和我们之前讨论的有关教育孩子的话题十分类似，婆媳关系的本质也是“权力的争夺”。你们暗地里在竞争：这个家到底谁说了算？

然而，在一个家庭系统中，夫妻双方是最重要的子系统，它就好比是一座房子的承重墙，没有承重墙，整座房子就会变得十分不稳定。所以，要妥善地处理好婆媳关系，就一定要和爱人约定好，坚定地成为彼此的共同体。

这可不是喊喊口号就可以的，**而是当你和婆婆产生冲突和碰撞时，你的丈夫要清醒地意识到解决冲突的关键不是在中间调停，而是坚定地站出来维护你。**这样才能夯实家庭中夫妻双方这面“承重墙”，才能巩固你在这个家里女主人的地位。

是的，只有你与爱人坚定地成为共同体，你与婆婆和公公这个“上一代的共同体”之间才能存在一定的边界。你还记得吗？

拥有边界感是遏制控制欲的三大关键之一。遵循这个原则，你们的家庭系统方能运转良好。

3 个场景方案：让彼此都舒服

不过有时候，丈夫不是不想站出来，而是因为一些很现实的问题无法站出来，这时该怎么办？

场景一：你们住在婆婆家里，寄人篱下。遇到这种情况，有 2 种方案。第一，设法在职场上努力，获得更高的收入，从而有能力搬出去住。毕竟，婆媳冲突都是生活中的一件件小事引起的，如果降低接触频次，彼此之间的边界感就更容易形成。第二，和丈夫回娘家住。如果短期没有能力独立，你们也可以选择回娘家住。

场景二：孩子还比较小，双职工家庭没人带。这种情况的最佳方案依旧是花钱解决。毕竟，从正规公司花钱请来的保姆在带孩子方面无疑更专业。不过，该方案依旧会造成经济上的困难。所以，请自己的母亲帮忙带孩子的方案是可行方案。

场景三：由于种种原因，不得不与婆婆相处。那就请务必注意以下 2 点。

第一，降低期待值。人在心理上的痛苦都是现实情况与自己的期待存在落差造成的，当期待高于现实的时候，人就会痛苦；当期待低于现实的时候，我们就更容易接受。所以，如果你能时刻提醒自己降低对婆婆的期待值，那么你与婆婆的任何冲突就都是正常的；而如果你与婆婆之间没有出现冲突，甚至婆婆对你好，比如为你准备早餐等，就值得感恩。

第二，避免与丈夫当着婆婆的面发生争执。还记得吗？要和丈夫成为共同体，尽管夫妻之间的摩擦在所难免，但当着第三方，尤其当着控制欲很强的婆婆发生争执，那么婆婆多半帮亲不帮理。更何况，家是一个讲感受的地方，不是一个讲道理的地方。不妨事先和丈夫约定好，如果意见不合，宁愿去外面讨论，也不在家里斗嘴。

最后的话

和一个控制欲强盛的婆婆相处并非一件容易的事情，所以请牢记以下几点。

2 个误区：委曲就能求全，冲突让对方认输。

1 个原则：坚定地让爱人与你成为共同体。

3 个场景方案：无论是寄人篱下还是孩子没人带，都请设法提升收入，用钱解决问题；另一个可行方案则是寻求娘家的帮助；当无论如何不得不与婆婆相处时，记得降低对婆婆的期待值，更要避免当着婆婆的面与丈夫发生争执。

后记

本书到此就要告一段落了。

作为父母，我们总是希望给孩子最好的一切，让他们过上幸福、健康、充实的生活。然而，我们也往往会忽视孩子是一个独立的个体，不自觉地把他们当作我们的附属品。这种做法不仅会给孩子带来心理压力和困扰，还可能影响他们的成长和发展。

因此，作为愿意控制自身控制欲的父母，我相信大家已经从本书中获得了足够多的认知，习得了足够多的策略。那么接下来，就是我们把认知外化成日常行为的过程。大家不妨把本书放到床头，每当在和孩子的沟通中发生摩擦时，拿出来翻一翻，让它成为大家在育儿路上的一本工具书。我相信，只要大家愿意改变自己的态度、策略和做法，注重与孩子的沟通方式，大家一定能够有策略地成为更好的父母。

最后，我想向所有读者发出呼吁："孩子不是我们的附属品，他们是我们生命中最珍贵的礼物。让我们从现在开始改变自己，不要让自己后悔。”希望本书能够给大家带来一些启示和帮助，让我们一起为孩子的成长创造一个更美好的未来。

致谢

这是我写完的第 11 本书，根据我完成 50 本书的目标，目前的完成进度为 22%。

在此，我想特别感谢几位贵人。

第一位贵人，是我的父亲何权森，他对我的态度主要是“散养”。在“散养”模式下，我对自己的每一次成绩负责，对自己的每一次选择负责，也对自己每一次吃的亏负责。这样的环境让我拥有了一个相对幸福的童年，就像那句话说的那样，“幸福的童年可以治愈一个人的一生”。

第二位贵人，是我初中的班主任施慧琳女士，她对我的欣赏让我在关于写作的“波利亚罐”中摸到了白球，正是逐渐积累的这罐白球，在我求学的时代也好，在我踏入职场后也罢，始终引领我去追寻自己的天赋使命，于是才有了今天的 11 本作品。

第三位贵人，是人民邮电出版社朱伊哲老师。自从与朱老师合作了《了不起的自驱力》这本书后，我们持续在育儿赛道探索，探寻家长们急需的主题内容。朱老师在此过程中倾注了大量的心血，在此我要对她表示衷心的感谢。

另外，我也要感谢我的爱人王怡女士和儿子何昊伦小朋友。在本书创作过程中，他们不仅给予我鼓励和帮助，还让我有更强的信念感，为我提供了许多宝贵的素材和灵感。

最后一位贵人，则是读到这里的你。祝福你和你的孩子都能有策略地成为更好的自己。相信我们在本书中的交流只是我们成就彼此的开始，因为人生所有的修炼只为在更高的地方遇见彼此（如果你想和我产生更多的连接，欢迎你关注我的微信公众号“何圣君”）。

PUHUA BOOKS

我们一起解决问题

恰如其分的父母语言

张心悦 著

人民邮电出版社
北 京

图书在版编目（CIP）数据

恰如其分的父母语言 / 张心悦著. -- 北京 : 人民邮电出版社, 2024.4（2024.4重印）
ISBN 978-7-115-64024-6

Ⅰ. ①恰… Ⅱ. ①张… Ⅲ. ①亲子教育 Ⅳ. ①G781

中国国家版本馆CIP数据核字(2024)第061557号

内容提要

怎么夸，才能促进孩子落实行动？如何了解孩子所说的话的背后故事？如何终结“吼作业”，帮助孩子养成好习惯、戒掉坏习惯？......这些养育中的具体问题常常困扰着每天都会遭遇各种新问题的父母们。

本书是一本专注于与孩子有效沟通的宝贵指南。作者因有着心理咨询师与孩子妈妈的双重身份，在写作本书时始终秉持着真诚与尊重的态度，在书中详细呈现了亲子沟通中的9大现实场景：夸奖、批评、询问、支持、放手、决定、交流、冲突及陪伴，并且全书针对45个热点问题提供了50个工具，可参考性极强。

本书尤其适合与孩子共同成长的年轻父母，希望大家在阅读后能解决自己在养育中的真实困惑，学会说出恰如其分的父母语言，培养出独立、自主、不慌张，面对未来有充足底气的孩子。

◆ 著 张心悦
责任编辑 姜 珊
责任印制 彭志环
◆人民邮电出版社出版发行 北京市丰台区成寿寺路11号
邮编 100164 电子邮件 315@ptpress.com.cn
网址 https://www.ptpress.com.cn
三河市中晟雅豪印务有限公司印刷
◆开本：880×1230 1/32
印张：9.25 2024年4月第1版
字数：200千字 2024年4月河北第2次印刷

定 价：59.80元

读者服务热线：（010）81055656 印装质量热线：（010）81055316
反盗版热线：（010）81055315
广告经营许可证：京东市监广登字20170147号

前言

好好说话，给孩子直面未来的底气

专家说的教育理念如何用在生活中解决实际问题？

“别人家孩子”的教育经验拿过来照做会有效吗？

怎么报课外班？如何表扬、批评？手机到底能不能用……这些养育中的具体问题有标准答案吗？

人们都说，很多事，等孩子长大后，父母回头再看，自然就懂了。但当我们第一次踏上这条养娃之路的时候，都难免迷茫、慌张、不敢确定……

我们，到底该如何去爱？

爱，的确很抽象。

但是，“说话”可以很具体。

每天高质量地对话 2 分钟，一年就是 700 分钟，相当于 15 次高水平的心理干预。这样的谈话足以处理好一个常见的 PTSD

（创伤后应激障碍）症状。反过来，如果每天暴力沟通 2 分钟，也会给孩子造成难以愈合的心理创伤。

好好陪伴孩子 50 分钟，就是正常地待着聊聊天，相当于 1 次支持性心理咨询。坚持 300 次这样的咨询，可以改变一个“人格障碍”的来访者。也就是说，如果父母能够像咨询师这么高质量地说话，几年下来，足以深远地影响到孩子的人格塑造。

语言有不可思议的力量，改变沟通方式是最直接的改善关系的方法。父母好好说话，就是在给出最具体的、最直接的、最有效的爱。

“父母改口，孩子改命。”这听起来尽管有点夸张，但换句话说“只要父母好好说话，就能影响孩子的人生”，这却一点都不夸张。

相信我，读完这本书，你也可以做到！

为了能把心理咨询的谈话技术转化为普通人都可以学会的“轻松改命”的沟通技巧，我在书中讲了很多身边的故事、咨询的案例、通俗的心理学实验，还为每个沟通场景都精心设计了一系列工具和小练习，咱们边看边练。

全书共有 9 个关键词。每个章节之间既相互独立又有一套完整的底层逻辑。你可以随手翻阅感兴趣的一章，也可以从头到尾一口气读完。有趣的插画可以让你时不时歇歇脚，思考题和工具导图帮你建立清晰的结构。

修枝剪叶篇：父母怎么说孩子才愿意听

关键词：夸奖、批评、询问

这些是最惯常的沟通基本动作。在日常养育中点点滴滴地进行强化、确认、纠正、澄清……积沙成塔，不仅推动着孩子的外在行为，也无形中也影响着孩子的品格。

灌溉施肥篇：怎么“说”出一个好性格的孩子

关键词：支持、放手、决定

家长在重要事情上的态度、处理方式、选择和决定对孩子的个性影响巨大，而语言的交流影响着孩子的方方面面，诸如习惯的养成、秩序感的建立、自信心的培养、自我意识的推动，等等。

阳光土壤篇：怎么“聊”出高质量的关系

关键词：交流、冲突、陪伴

孩子一生与自己的关系、与世界的关系都不过是亲子关系的翻版。聊天就是建立信任的最有效途径之一，也可能是破坏关系最大的隐形“杀手”。有形的语言孕育着无形的关系，健康的关系给孩子源源不断的勇气和力量。

翻开这本书，从一句话开始，让改变神奇地发生吧！

愿此书，能把养育路上“抽象的”爱的风景变成一个个“精准具体”的谈话攻略。陪伴你在养育的旅程中，轻松打卡重要场景，和孩子一起享受人生路上美丽的风景。希望我们的孩子都能在爱的语言中一日日长成独立、自主、不慌张的模样。

好好说话，给孩子直面未来的底气！

目录

修枝剪叶篇

第 2 章

第 3 章

第 5 章

阳光土壤篇

第 7 章

修枝剪叶篇

第 1 章

夸奖，相信的魔力

关键词：夸奖

有一天，我问女儿："你记得妈妈对你的夸奖吗？有没有哪一次夸奖让你的印象最深刻？"让我尴尬的是，女儿想了想，说："好像没什么印象……"看到我失望的表情后，她又赶紧安慰道："肯定还是夸过的。"我不甘心，想了想又问道："那你觉得妈妈信得过你吗？"这时候她轻松地说："那当然了。"

你问过孩子同样的问题吗？他是否可以回忆出某一次夸奖给他带来的深刻印象或者对他产生的重要意义？还是像我的女儿，

尽管有关夸奖的具体细节看似“消失无踪”了，但是，夸奖在她心里播下的“信任”的种子却已经成熟。她会不假思索地相信：妈妈是信得过我的！

我们不遗余力地推崇夸奖，并努力地付诸实践。同时，我也看到很多家长在夸奖面前显得“无所适从”。夸多了——怕孩子骄傲；不夸——怕孩子自卑；夸得不得要领——孩子早就对你说的话没感觉了……

问题到底出在了哪里呢？又该如何解决呢？

思考题：

- 孩子夸多了会不会“骄傲”？
- 为什么很多夸奖没有效果，甚至适得其反？
- 怎么夸，才能促进孩子落实行动？
- 一旦不夸了就不做，这是怎么回事？
- 什么样的夸奖能让你的孩子越来越自信？

带着面具的夸奖

“你真棒”的陷阱：

盲目的相信，只会带来盲目的自信

和大家一样，我也是一个已经习惯了说“你真棒”的妈妈。不知道从什么时候开始，“你是最棒的”“要充分尊重孩子的天性”“要给孩子无条件的爱”等这些西方的教育理念在我们家长的心中悄悄生根。“你真棒”也成了很多家长的口头禅。这些理念都是“自尊教育”的衍生品。

“自尊教育”倡导提升孩子的自尊心，告诉孩子“我很重要”，要求父母和老师不批评或打骂孩子，多鼓励和爱护孩子，给孩子更多的积极暗示。最典型的表现就是要经常对孩子说：“你真棒！”然而，美国圣地亚哥大学的心理学家珍·温格（Jean Twenge）对美国的“自尊教育”曾经表示担忧。温格认为，盲目推崇“自尊教育”可能会导致孩子过度自恋，不由自主地自我感觉良好，对自己怀着过高期望值的孩子很容易在残酷的现实社会中碰壁。

我们为什么对“你真棒”如此没有抵抗力且情不自禁地就全盘接受了？没有原则的“夸赞”和不加管束的“快乐”，很多时候其实是中国父母对于自己儿时偏保守和严苛的亲子关系的一种“自我补偿”，是对内在未满足的“自我价值感”在孩子身上的“报复性消费”。真诚的“你真棒”，当然会给孩子加油，但夸大其词的、流于形式的“你真棒”一旦多了，恐怕只会变成孩子骄傲和骄纵的温床。

毕竟比起常听到“你真棒”，孩子更需要知道：“我到底棒在哪里？”

工具 1：夸在点子上

比“你真棒”更有用的 5 个常用句子，夸在点子上就不用担心孩子骄傲了！

1. 你今天在某个方面做得特别好，让我很惊喜。

2. 你关于哪个方面说得很有道理，继续往下说，我很愿意听。
3. 真厉害！你用自己的一个什么样的方法把问题解决了。
4. 你是怎么想到这个解决的办法的呢？真聪明（真能干）！
5. 看到你认真 / 努力 / 仔细……做这件事的样子，爸爸（妈妈）很高兴。

情境小练习：夸奖的不同方面

在以下的情境中，你会使用上面的哪个句子来夸奖孩子呢？

当你需要强化孩子的一个积极行为时　参考答案 1

当你要肯定孩子的某个观点或想法时　参考答案 2

当你要表扬孩子的某种做事积极的态度时　参考答案 5

当你想鼓励孩子自己想办法解决问题时　参考答案 3 /1 /5

当你想引导孩子总结更多经验或者探索孩子更多的优点时

参考答案 4 /2 /1 /5

妈妈信得过你：

不要把夸奖设成一个需要“达标”的绩效指标

很多父母为每周该表扬多少次？什么时候表扬最好？表扬和批评的比例是多少才最有效？诸如此类的问题而困扰。就好像在职场上一样，非得也给夸奖定个可量化的 KPI，做起来才能“安心”。我的经验告诉我，在夸奖这件事上，追求数量、追求技巧、想要立即看到结果，是本末倒置的。

那么，夸奖的本质是什么呢？

罗伯特·罗森塔尔（Robert Rosenthal）是一位美国的心理学家，他做过一个经典的心理学实验，来证明外界的期望可以影响一个人的表现。实验中，一批学生被随机分为两组

（实验组与对照组），组织者会告诉老师们：你拿到的这份学生名单都是经过测验显示其资质出色的高智商学生。而另一组只是普通学生。一段时间之后，神奇的事情发生了，被预言资质出色的实验组的学生们，成绩明显高出对照组的学生。而实际上，这份预测并没有什么根据。罗森塔尔效应，因此也被称为期望效应，表达了外界的"信任"对一个人的影响。

对孩子的信任，才是夸奖的本质。就好像我在一开头说的，虽然我的女儿记不得那些夸赞的细节，但是她可以自信地确认"妈妈信得过我"，我是一个"靠谱"的孩子。

很多时候，"不要输在起跑线"的焦虑，让我们的夸奖也变得"急切"和"功利"。我们把夸奖当成一个养育的"绩效"工具，迫不及待地增加对孩子行为的简单肯定，但内心却是"害怕输在起跑线上"的担忧，这必然给孩子传递了一种无形之中的"拧巴"。你嘴上说"我真棒"，又担心我会"输"。你明明只是因为担心我成绩不好才拼命夸我，根本不是对我有多么的认可！当你发现，孩子抵触你的"夸奖"，或者开始跟你讲条件，不推就不动的时候，你就需要反思一下自己是否存在这样"心口不一"的夸奖了。

恰如其分的夸奖不是一句话术、一个夸张的表情、一个别人都做我也得做的“标配”动作，而是一个欣赏的眼光和发自于心的信任，是“心口一致”的真情流露。

信任意味着，我们相信自己的孩子“可以”“能行”！信任要求我们，能够战胜焦虑，抛弃功利，回归长期主义，相信自己做出的每一个养育选择。信任来自一份深沉的内在安定，我们确定孩子和我们自己，都值得，也终归会被生活温柔以待。

给孩子最好的夸奖，是“妈妈 / 爸爸信得过你”。

工具 2：合格的夸奖者

心口一致的夸奖	可能会导致心口不一的夸奖
• 我相信自己可以成为一个合格的父母 • 我能快速说出孩子的 5 个优点，并真心相信 • 对孩子积极的行为表现，我能及时发现并及时反馈 • 我知道孩子的优势和不足，并欣然接受 • 如果让我表扬下自己，我也能马上给出答案	• 我很难发现孩子能够被表扬的点 • 我在接受他人表扬的时候也会感觉有压力 • 我会用成绩或者学校、社会制定的标准来作为对孩子表扬的准则 • 我会使用比较（你比谁谁更好）来表扬 • 我表扬的目的往往就是希望孩子能听话、照我想的去做

工具 3：夸奖有效性评估

有效的夸奖之后	无效的夸奖之后
✓孩子变得情绪很饱满 ✓行动变得更积极 ✓内在感觉更有干劲了 ✓能够继续持续地坚持正确即使是困难的行动 ✓亲子关系开始改善，变得更加亲密	✗孩子没什么反应，或者显得敷衍 ✗行动没有什么变化 ✗变得很在意他人的评价或者标准，而非自我力量的提升 ✗一旦不夸奖，行动就会停止 ✗亲子关系并无改善或者反而疏远

情境小练习：做好夸奖的准备

在以下的情形中，你认为哪些并不适合去夸奖孩子？

（1）孩子有点拖沓，为了让孩子尽快动起来，随便找个理由夸一夸。

（2）孩子考试成绩虽然不太理想，但期末复习阶段做了很多练习，并且，曾经不会的几个题目都做对了。

（3）孩子在亲子活动中比你同事家的孩子表现好，你觉得很有“面子”。

（4）孩子并不喜欢你为他挑选的玩具的颜色，你为了让他同意，夸他是个听话的好孩子。

（5）老师希望孩子们上课积极发言，但你的孩子认为“应该想好了再举手”，并不一定要做积极分子。

参考答案：（1）（3）（4）

想一想：在（2）和（5）的情形中，如果你想给孩子肯定，可以怎么说呢？看看能不能在后面工具4/5/6中有所启发。

“落实”，效果的钥匙：

夸奖要做有效的动作，效果的关键是“落实”

要再继续说说“罗森塔尔”的实验。这个实验结果让我们最着迷的就是：相信，竟然有如此神奇的效果——它像一种无声的心灵唤醒，成为接收者自我实现的预言。然而仅仅“相信孩子”就能够让一切自然发生吗？别忘了在实验中，让学生出现最终结果差异的还包括老师基于“内心的信任”而采取的“有效的动作”。比如，在这一段时间里，出色组的老师留了更多的有挑战的作业，授课时更拓展地去讲解，对孩子们给出更多积极的鼓励，等等。这些“动作”非常直接地影响了孩子们的表现。

“夸奖”要想有效，不仅需要“相信”，同时也要做对“动作”，包括爱意的目光、温柔的赞许，甚至实物的奖励……这就好像是侍弄庄稼一样，不光饱含期待还得辛勤施肥，才会有未来的丰收。

具体到语言这个动作上，夸奖尤其讲究要精准地“落实”到位，才能让孩子明确自己到底哪里做得好、哪里做对了、未来应该坚持什么。

父亲的夸奖

一个父亲蹲下身，对女儿认真地说：

“爸爸知道你认真做了每一份练习题。**正确率是 100%**，这**非常不容易**。你一定**检查了好几遍吧**？（**落实正确的行为**）”

“肯定啊，原来你也知道我在努力。”女儿有点儿委屈。

“爸爸平时可能有点严厉，关心你的话比较少。爸爸知道你的表现一直很好。”

女儿露出笑容。

“上一次看了学生手册，老师提到，有时候你会粗心，数学成绩需要提高。这一次的考试，**没有因为粗心丢分了，一定很开心吧**。（**落实正面的体验**）你有什么**好的经验**吗？”

“当然，”女儿笑容更灿烂了，“我每天都在坚持做口算！当然不会再算错了。”

“看来坚持练习、好好检查（落实正向的过程）都很有效果，恭喜你找到方法了！”

总结一下，有效的夸奖需要落实在三个方面：正确的行为、正向的过程和正面的体验。太过于空泛的“你真棒”和太过于功利的“100分”，都因为不够“落实”，所以效果不佳，甚至会带来副作用。

工具4：夸奖3个落实

1. 落实正确的行为，少使用比较和评价。
2. 落实正向的过程，好的过程会带来好的结果。
3. 落实正面的体验，让孩子开心地去做。

情境小练习：把夸奖落到实处

如果用“3个落实”来夸孩子，可以怎么说呢

你英语单词就是比×××背得快，×××的妈妈都羡慕死了！

参考答案：我看你做了很多单词笔记，还自己发明了不

少背单词的“小方法”，可真是厉害！（落实正确的行为）

又考了 100 分，真棒！

参考答案：孩子，这个学期你每天都在完成自己制订的学习计划，遇到困难也没有放弃，好成绩就是对你的坚持最好的奖励！（落实正向的过程）

孩子，练琴虽然苦，但是我们也要坚持！你是最棒的！

参考答案：那天生日会，你弹的曲子大家都特别喜欢，太好听了！你自己弹奏的时候是不是特别有成就感。学钢琴，你真是选对了！（落实正面的体验）

心动才能行动：

1 个夸赞 =5 倍的行为促进 =8 倍的关系改善 =10 倍的愉悦体验

在我的沟通课上，最受学员欢迎的课后练习每次都是“夸赞”。

学员作业摘抄：

我回家对哥哥说：“今天哥哥帮助妹妹换裙子，还主动帮奶奶洗碗，表现很棒！妈妈要给一个拥抱做奖励。”我家哥哥很开心，把晚饭全吃光了，又主动去收拾碗。

今天下班回家我表扬了姐姐。“大宝，放暑假有半个月了，爸爸妈妈都要上班，谢谢你带着妹妹在家里学习、玩耍，还自己解决吃饭问题，为妈妈解决了后顾之忧，辛苦你了。”看到姐姐有点得意地笑了，又有点觉得不可思议，可能是我平时批评比较多。我赶紧说：“妈妈说的是真的，真心感谢你。”姐姐说：“妈妈你要多表扬我，我一定会更自信！”

我家娃写字潦草，暑假让他练字。今天整体还不是很好，但是为了完成老师布置的练习我挑出来几个字做了表扬：“哇，你这个字怎么写的，横竖撇捺都特别标准，和书上印的一样，厉害！”娃激动地说：“妈妈，我来教你写……”结果我练了一晚上字，哈哈。

分享作业的时候，大家都非常激动，好像发现了家庭生活中的“新大陆”。简单的一个“小动作”换来了一家人一整天愉悦的心情、孩子们肉眼可见的改善动力、亲子关系的瞬间加温、为人父母辛苦疲惫背后流淌的喜悦和欣慰……夸奖的效果让很多人都非常惊讶。

仔细研究，我发现，这些宝藏夸奖除了指向“对的行动”之外，还都包含了特别“好的感受”。当我们把“对的行动”和“好的感受”捆绑在一起，心动带来行动，效果总是会超出预期。

反之，当“对的行动”被我们不小心与“糟糕的感受”做了捆绑，又会发生什么呢?

下面的这些表达是否似曾相识：

你怎么这么简单的事都不会做?

你看看人家做得多好?

不弹完琴就不能去玩!

学习就是个苦差，吃得苦中苦……

我们经常抱怨孩子不好管，说了也没用，说一点做一点、不说就不做了……这些问题很多时候都是因为将行动捆绑了负面的感受，从而造成了孩子内心的抵触。即使是对的行动，如果长期和负面感受绑在一起，也会被孩子在内心里深深排斥。很多孩子一旦离开了约束，就会放弃学习，这就是因为学习的过程太不开心了。

工具5：捆绑“好感受”

试试用下面的句式把“对的行为”和“好的感受”一起表达出来。

开心：“你的……让我……真是太好了。”

感动：“你做了……我特别感动。”

惊喜："今天你的……很不一样啊……太惊喜了！"

赞叹："你竟然自己解决了……你真是了不起、太棒了！"

情境小练习："做对"好心情

想一想下列"好感受"可以"捆绑"在哪些情境中？

积极情绪	日常生活中的情境（孩子做了什么）
开心	
感动	
惊喜	
赞叹	

在“品格”上精准施力：

好的品格，是孩子自信的发源地

女儿想做一个服装设计师，一天她问我：“为什么我要学这些我不喜欢的课程，还要考试。这些我未来根本用不上的东西，对我有什么意义呢？”

我想起了她学习游泳的往事，便问她：“还记得你学游泳的事吗？那时候让你记忆最深刻的是什么？”

她说：“在一开始，我觉得很枯燥—— 趴在地上手脚划来划去的。不过后来我发现这个姿势好像挺有用，还好我坚持下来了。到了最后一天，老师撤掉我身上所有的浮板，让我跳下水，当时我害怕极了，但是我战胜了恐惧，最后成功了。闭着眼睛跳下去又能浮上来游起来，那时候最刺激了！”

我说：“你能战胜那个枯燥，还有恐惧，真是不容易啊！”

女儿沉默。

我继续说：“当一个设计师看起来好像和学游泳也没有什么关系。但是要当一个好的设计师，也没准一样需要战胜枯燥，也需要突破恐惧。现在这个学习的过程，你也总觉得没什么用，可是，会不会这也是在锻炼战胜枯燥和恐惧的勇气呢？”

女儿的眼睛亮了一下。

“还记得你最后跳下水成功游起来的快乐吗？妈妈记得，那天怎么叫你回家都不成。你一遍遍地从台子上跳到水里，游起来，再回到岸上，再跳下去……”

女儿开心地笑了。

“孩子，记得那股勇气，给你带来的快乐。”

能够长久地支持正确行为、正面过程和正向体验的，是孩子可贵的品质：诚信、坚韧、勇气、善良、感恩……这是孩子这棵小树在根系里，长出来的生命力，也是孩子源源不断的自信发源地。在夸奖孩子的时候，如果我们能透过行为、过程、在美好体验的背后善于发现和提炼出这些闪光的品格，一定别忘了认真地讲给孩子听。

孩子在成长的过程里，特别是还小的时候，并非能理解“品格”的重要意义。这就需要作为家长，我们能够去发现、去挖掘、去浇灌孩子这些美好的品格。品格是护佑孩子一生最宝贵的财富。好的夸奖让孩子的人生建立在对自我品格的坚守之上，而非对外在评价和功利的追逐之中。

夸奖品格，是给孩子最美的勋章。

工具 6：品格挖掘 5 问

尝试用下面的问题和孩子聊天，与孩子一起探索可贵的品格。

1. 你是怎么做到的呢？
2. 能做成这件事你觉得最不容易的是什么？
3. 你觉得你最了不起的地方在哪里？
4. 如果你坚持这么做下去（把这个经验用到其他的地方），会怎样呢？
5. 如果别的小伙伴也要做得这么好，你想告诉他最重要的是什么呢？

情境小练习：寻找行为背后的意义

A. 找一件对孩子来说具有重要意义的事，与孩子一起探索藏在事件里孩子的优秀品格。并用自己的亲身经历跟孩子分享这个品格的价值。

B. 与孩子一起阅读一本名人传记并讨论，文中的哪些具体行为成就了榜样的人生。找到孩子生活中类似的行为，给予肯定。

C. 在一件“失败”的事件中，尝试与孩子一起总结，复盘整个过程，挖掘孩子的积极行为、动机、想法……找到“失败”的意义。

夸奖 Tips

关键词：夸奖

思考题
孩子夸多了会不会“骄傲”？ 为什么很多夸奖没有效果，甚至适得其反？ 怎么夸，才能促进孩子落实行动？ 一旦不夸了就不做，这是怎么回事？ 什么样的夸奖能让你的孩子越来越自信？

刻意练习：表达真诚的夸奖

请对孩子进行真诚的夸奖并留意孩子的反应。

记录下你说的话和孩子的反应。

在积累了几次不同的经验后，与孩子一起探讨下他喜欢什么样的夸奖。

时间	事件	使用的工具	具体怎么说	孩子的反应

夸奖工具箱导图

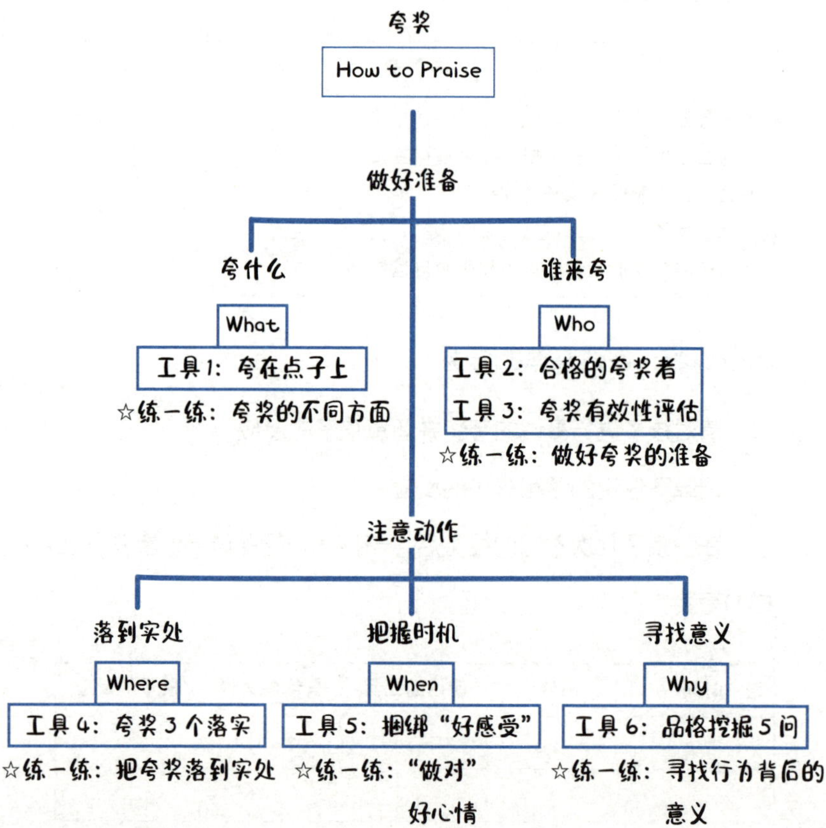
夸奖
How to Praise
做好准备
夸什么
What
工具1：夸在点子上
☆练一练：夸奖的不同方面
谁来夸
Who
工具2：合格的夸奖者
工具3：夸奖有效性评估
☆练一练：做好夸奖的准备
注意动作
落到实处
Where
工具4：夸奖3个落实
☆练一练：把夸奖落到实处
把握时机
When
工具5：捆绑“好感受”
☆练一练：“做对”好心情
寻找意义
Why
工具6：品格挖掘5问
☆练一练：寻找行为背后的意义

第 2 章

批评，走心不伤心

关键词：批评

羲羲是一个 8 岁的三年级女孩，当我和她妈妈一起探讨关于“批评”孩子该写点什么的时候，她凑过来说：“阿姨，你可以写一写：家长总是说别人家孩子怎么样，有效果吗？”我很惊喜，问羲羲：“大人这么说的时候，孩子是什么感受呢？”羲羲头头是道地说：“孩子会感觉自己受到了打击。觉得自己怎么做都不如别人那么好。还会对别人的孩子产生‘不好’的心理。”我好奇地问她：“你能告诉阿姨，这个‘不好’，是什么呢？”羲羲想了想，说：“嗯……可能会嫉妒、会报复，就不想和他做朋友了吧。”

第2章 批评，走心不伤心

作为父母，我们一定都对孩子做过不适当的批评，给孩子们造成过“不好”的感受。然而，并不是所有的孩子都有机会，或者被允许表达这些感受。更多的时候，孩子们默默接受了“不好”的批评，那些不能消化的感受摇身一变，就可能会成为逆反、拖延、撒谎、讨好、自卑……

于是，我决定写一写如何“批评”，才能让孩子“走心不伤心”。

思考题：

- 打是亲骂是爱吗？“棍棒”到底要不要挥？
- 孩子不接受批评，越批评越“逆反”是怎么回事？
- 批评和惩罚的“尺度”该如何把握？
- 哪些批评是我们冤枉了孩子的？
- 如何使用批评有效“纠正”孩子的问题行为？

走心不伤心

放下心中的棍棒：

惩罚是一把双刃剑，用好了走心，用不好伤心

大家都听过《好爸爸、坏爸爸》这首儿歌："哪个爸爸不骂人，哪个儿子不害怕，打是亲来骂是爱，哪个不是好爸爸……"小朋友们看着动画片，可能"稀里糊涂"地就把这话接受了，但是作为家长，我们却要较个真儿：这歌唱得对吗？打骂到底是不是爱？

贪玩的惩罚

5岁小男孩，因为贪玩，到了时间不吃饭。喊了几次都还在疯玩，妈妈非常生气！终于，孩子回到了餐桌上，这时妈妈会如何处理呢？

场景一：

疲惫的妈妈看着满屋狼藉、已经凉了的饭菜，决定狠狠“教训”下孩子。她当着孩子的面，把饭和菜全部倒进了垃圾桶。面对惊愕的孩子咆哮说：“我告诉你，如果以后我喊你吃饭，你再不答应，就什么都别想吃了！”妈妈举起双手，再次夸张地把饭菜摔进垃圾桶，发出巨大的声响。

场景二：

孩子发现，饭菜已经不见了，餐桌上只剩下每天饭后的一小碟水果。他对妈妈嚷嚷：“妈妈我饿了……”妈妈走过来，在孩子对面坐下，平静又严肃地说：“刚才妈妈喊了你几次，你都在玩是不是？因为爸爸妈妈都饿了，我们就先吃了。”孩子委屈地哼哼……妈妈继续说：“餐厅也会打烊对不对？等到晚饭的时间，希望你按时来，别又玩忘记了。”

你认为哪个妈妈的做法会更有效呢？

选场景一的家长，一般都相信：要让他听话，就必须得先让他感觉到怕！不给他点教训可不行！让他当众出丑看他下次还敢不敢！

这样的想法真的可行吗？

对于自我力量比较强的孩子，很可能会使用哇哇大哭的方式同样予以反击。因为当孩子的内心收到的是戾气和恨意，也容易“以暴还暴”。对于自我力量比较弱的孩子，的确可能不敢了。但其内心里却难免被播下恐惧、羞耻的种子，行为上变得顺从、讨好。父母这时往往以为奏效了，殊不知，自卑、委屈、隐含的怨恨终会爆发。

场景二，妈妈的做法是“暂停服务”。我们看到温柔而严肃的坚持，不伤害自尊的拒绝和不危及安全的惩罚。给孩子讲清楚贪玩的影响，同时告诉孩子要考虑他人的感受。给孩子留了那一小碟水果，非常重要：它不仅提供了基本的生理满足，更是在告诉孩子：我虽惩罚你，但依旧爱你。

所以，打骂到底是不是爱，要看你如何“打”。

如果我们手中的棍棒直击孩子的安全和尊严，让孩子心灵受伤，这样当然不能算作爱。比起手中的棍棒更伤害孩子的是父母心中的“棍棒”——内心的迁怒、暴躁、敌意、戾气和恨意。

而为孩子保留了安全和尊严的惩戒，虽然也挥起了“棍棒”——暂停服务、扣掉零花钱、罚坐小板凳……但这些也可以是爱，终归会被孩子接受和理解。

工具 7：育子 7 不责

古人有育子七不责，在批评孩子的同时饱含着尊重和爱意。我们对照看看，对自己的教育是否有启发？

7 不责
1. 对众不责，要有尊严 2. 愧悔不责，因其自省 3. 暮夜不责，不利入眠 4. 饮食不责，易致脾虚 5. 欢庆不责，经脉受损 6. 悲忧不责，恐伤备至 7. 疾病不责，爱如良药

情境小练习：抚慰“伤心”的自己

如果我们小时候经历过特别伤害自尊心的批评，就容易在类似的情境下对自己的孩子在管教过程中“过分小心”，怕他受到伤害；或者自己无意中也使用与自己同样的方式，伤害孩子。我们需要先抚慰伤心的自己，才能妥善处理孩子的问题。

step1：回忆。小时候，你有“伤心”地被批评的经历吗？发生在什么样的情景下？因为什么事？父母的言行是什么样的？你糟糕的感受是什么？

step2：觉察。你是否在类似的情形下，对自己的孩子采用了同样的言行，或者你是否因为害怕伤害孩子而采用了完全相反的处理方法？

step3：回归。作为一名理性的家长，你认为在此类情形下，如何处理孩子的问题会更有效？可以试着多和其他家长聊一聊。

方向不对，努力白费：

孩子不接受批评，十有八九是家长搞错了方向

很多家长反映：孩子对批评根本不走心。各种无动于衷、阳奉阴违，一说就炸……越批评越逆反，非常让人“头疼”。这时候我都会让家长具体说说，发生了什么？听完以后我发现，十有八九，竟然都是我们家长自己这里出了问题。

发泄负面情绪

还记得本章开头那个把饭菜都摔进垃圾桶的妈妈吗？因为自己疲惫不堪，忍无可忍，便用了极端的行为方式，其实这更多的是在化解自己的负面情绪。记得我女儿雯雯曾经说过：“妈妈，你凶起来的时候，我脑袋就死机了。你后面说

的，我什么都没记住！”你看，带着负面情绪不仅解决不了问题，还会带来很多副作用。孩子收到的不是哪里错了，或者该怎么做，仅仅是一次暴力的“攻击”。

想尽快息事宁人

我们吼了孩子，孩子就会自动变好吗？玩手机、写作业慢、学习习惯不好、成绩上不去……当面对这些需要花大力气去纠正，甚至有时候家长自己也找不到方法和头绪的问题，为了尽快恢复自己内心的控制感，那就先骂一顿孩子吧！至少，当下可能有个表面上的“小变化”，你看，手机放下了，又坐回房间写作业了……这样问题就看起来好像解决了，自己也可以休息一下了。

我是为你好

“我是为你好”这句话，据我观察，现在的年轻家长的确不说了。把自己认为“对”的标准强加于孩子身上并批评的方式应该过时了吧？谁能想到，现在的家长特别容易迫于“内卷”，害怕在竞争中输在起跑线上，用自己“明明不认可”的标准，打着“我们就和自己比”的幌子去不断要求和批评孩子，换汤不换药地也觉得这是为了孩子好。

要求太高

我在课堂上遇到过一个学霸爸爸，对自己要求很高，同时，他对孩子的要求也非常高。他天然地认为自己小时候能轻松达到的事情，孩子也应该很容易做到。尽管这些标准让我们大家都觉得，做他的孩子可真不容易啊！还有的家长，就算自己很普通，但内心对孩子的期待却显得特别“不切实际”。因为高标准而批评，特别容易让孩子产生挫败感，贬低孩子的自我价值。

这些“坑”，咱们是不是都多多少少踩过几个？在这些时刻，作为父母，我们往往是在满足自己的愿望，缓解自己的焦虑，发泄自己的情绪……并非客观公正地解决孩子的问题。如果是我们自己在批评时搞错了方向，又怎能怪孩子不走心呢？

工具 8：批评 4“坑”

发泄：发泄负面情绪。

逃避：想尽快息事宁人。

控制：我是为你好。

完美：要求太高。

情境小练习：日常行为检查

错误的批评方式	日常行为检查
发泄自己的负面情绪	从不○　偶尔会○　经常会○
本来约定好了，又临时加码	从不○　偶尔会○　经常会○
随意变化或者父母之间无法一致	从不○　偶尔会○　经常会○
因为各种原因，没有商量就取消承诺	从不○　偶尔会○　经常会○
总是翻旧账，揭伤疤	从不○　偶尔会○　经常会○
要求孩子做的，自己不做或者也做不到	从不○　偶尔会○　经常会○
当众批评孩子，在亲戚朋友面前说孩子	从不○　偶尔会○　经常会○
说绝情的话，如“我不要你了！”	从不○　偶尔会○　经常会○
总说别人家孩子怎么样	从不○　偶尔会○　经常会○
以“我是为你好”的名义，提出要求和批评	从不○　偶尔会○　经常会○

该出手时再出手：

原则问题不让步，非原则问题少干预

在课堂上，我做过有关“批评”的调查，问大家遇到的困难是什么。调查的结果让人忍俊不禁：最多的困难就是各种“左右为难”。

- 舍不得批评、不敢批评，怕破坏和孩子的关系。不批评又担心纵容孩子。
- 批评前后不一致，或者家人之间意见不一致，让孩子无所适从。
- 对于一些“问题”，批评的话有点小题大做，不批评的话又担心以后酿成大错。

有些小毛病说少了不管用，说多了又变成唠叨，反而没效果。

这些都是有关“惩罚尺度”的把握问题。

在这个问题上，我的主张是“该出手时再出手”。

哪些问题必须该出手呢？道德品行、人性良知、尊老爱幼、亲师爱友……这些品行问题属于原则问题，一旦纵容，长大后再去管教和养成会很难。除了必要的惩罚，家庭环境、父母的言传身教也非常重要。其他非原则性的问题，往往和父母自身的标准和要求有关，就要能够抓大放小，这样才能让孩子充分发挥天性和个性。不要动不动就批评、什么事都唠叨。

原则性问题的范围，每个家庭都有自己的界定，取决于家长内心的价值标准和人生观。你的原则即是孩子的底线。

原则性的问题，越早干预越有效。学龄前的小朋友需要学习基本的公序良俗和发展道德意识。不撒谎、不骗人、不能拿别人的玩具……在此阶段，惩罚就很必要。做错事打屁股，不失为一种有效手段！孩子上学后就开始有自己的想法了，自尊心也越来越强，这时就要以奖励和引导为主了。惩罚主要用于调整约定的行为没达成、帮助孩子养成好习惯。当孩子进入青春期，惩罚会变得越来越失去“管束”的功能，只能作为“补救”的制裁手段。如果青春期的孩子还是有很多品行问题和习惯问题，往往是早期没有好好约束带来的，改变起来也比小时候要困难多了。

工具 9：唠叨翻译公式

总是管不住自己“唠叨”的家长，可以试试用下面的方法，把“唠叨”中的指责、抱怨变成就事论事。

就事论事 = 我注意到 + 行为 + 后果

情境小练习：学会就事论事

看看你写的作业，错了多少？糊弄谁呢？

公式 = 我注意到你 + 今天写完作业就匆匆忙忙跑出去玩 + 算数的出错率和以往差距很大

能不能别磨蹭了？

公式 = 我回来发现 + 你用 1 个小时的时间 + 做了 3 道题

你怎么又把玩具弄了一地，我跟你说了多少遍了，怎么就是记不住。

公式 = 我看到你 + 把玩具弄得到处都是 + 这很容易让别

人绊倒

试试用公式改一改下面的唠叨：

你看你就是不认真，又马虎！________________

书包这么乱，总是我给你收拾。________________

我说什么来的，就是不长记性。________________

不会做，不是错：

有时候你骂孩子做得不好，就好像骂小鸡还不会生蛋一样可笑

超超上一年级了，可是还不太会写字。老师开学就要求学生照着黑板上抄作业，他却在本子上画了一堆妈妈认不出的“符号”回来。课堂上练字时，在田字格里也总是写出格。而他还在上幼儿园中班的妹妹早就能完成这项任务了。妈妈非常着急，不知道怎么办？

父母对于孩子不能完成学校的任务，是最着急的。这时候就往往会批评孩子。

我家孩子上幼儿园，串珠子总是串不好，是不是太笨了？

我家孩子都快上学了，还要掰手指头算数，怎么办？

我家孩子一年级了，上课老走神、乱动，是不是得了多动症？

我家孩子二年级了，怎么画人物的比例总是不对呢？

……

如果我告诉你，这些都是非常正常的现象，你还会批评孩子吗？

心理学家皮亚杰做过的一个著名的“三山实验”。实验首先让儿童从四个角度观察方桌上的三座假山模型。然后要求儿童面对模型而坐，同时放一个玩具娃娃坐在儿童对面。接下来，要求儿童从四张图片中指出哪一张是玩具娃娃看到的山，结果发现幼童无法完成这个任务。他们只能从自己的角度来描述“三山”的形状。皮亚杰的三山实验证明学前儿童（2～7 岁）的思维具有“自我中心”的特点，还没有发展出清晰的换位思考视角。

三山实验告诉我们，幼童可能不愿意分享食物和玩具，也体谅不了大人的辛苦，这些行为并非缺点和错误，而是他们认知发展还没有“到位”的表现。还有研究表明，3 岁幼儿能够集中注意力 3 ～ 5 分钟，4 岁能集中 10 分钟左右。5 ～ 7 岁能集中 15 分钟左右。那么一年级的孩子如果没有经过学前训练或者缺乏教学中有效的引导，注意力不能持久集中也是非常正常的。同样，超超写字的问题，是由于他的手指小肌肉发育还不够有力，包括没有经过必要的学前识字、握笔、描红练习，他抄不出作业也实属正常。另外每个孩子在不同方面的发展进度也不太一样，超超写字可能比妹妹差一些，但是他在数学方面的能力就明显超过妹妹。这些也都是再正常不过的现象了。

看到这里，有的家长会说：“那不行啊！学校的要求高，其他同学都会了啊，我得让他能跟得上啊！”作为妈妈，我非常理解这份心情。然而，每个孩子的发展过程天然地存在差异。过早地练习孩子尚未发育的能力，真的有用吗？如果孩子在某项能力上发展得慢了点，我们又该如何适应学校的进度呢？我会在“支持”一章里，跟大家讨论这些问题。

工具 10：seed 起因筛查

在批评孩子之前，除了要考虑孩子的发育水平，还需要衡量环境、人际、心理等因素对孩子的影响，记得，在找到问题的真正原因（seed）之前，不要轻易批评孩子。

- **skill，技能：**孩子的技能是否偏离生长发育水平，包括并不限于思维、情感、心智能力。（注意：是否严重偏离正常水平，慢一点不是问题。）
- **environment，环境：**家庭环境对孩子行为的影响，比如，家里有人有此行为，是大人和孩子的互动方式导致了孩子的行为。
- **explore，探索：**孩子出于好奇、探索、尝试而犯的错误，并非故意造成不良结果。
- **demand，需求：**孩子通过此行为是不是在表达其他需求，比如，出于好奇模仿，想引起父母的关注。

情境小练习：批评之前想一想

以下情境中，请你使用 seed 起因筛查重新衡量，是否要批评孩子。

1. 孩子吃饭的时候看手机，家里的大人也有这个习惯。
2. 孩子因为长辈的过度照顾，导致自理能力比较差。

3. 孩子想给父母做一顿早餐，操作不当把饭烧煳了。

4. 孩子因为好奇弄坏了其他小朋友的玩具。

5. 父母在家里忙工作，开视频会，孩子总以各种理由跑来“捣乱”。

批评是教怎么做“对”：

批评不是骂孩子错在哪儿了，而是教孩子如何才能做对

批评的目标是“纠正行为”，关键是教会孩子——如何做才是对的。

让孩子心服口服地纠正，有 7 个步骤，哪一步也不能省，千万别偷懒！

步骤一：做好谈话的准备

找到合适的时机，发出很正式的谈话的邀请。

处理掉自己的情绪、保持冷静、理直气柔。

步骤二：陈述事实，对事不对人

批评千万别上纲上线，上升到孩子的品质问题。不能去否定孩子的人格，给孩子贴标签——你是个自私的人，你怎么这么不负责任。而是要锁定“此时、此地、此行为”，聚焦到一个具体的事实和行为本身。这和表扬正好相反。当我们表扬孩子的时候，可以从“此时、此地、此行为”扩大到对未来的影响，延展到这证明你有一个什么样的好品格，去肯定孩子的人格。

情境小练习：对事不对人

区分批评中的对人和对事的不同。

对人：你是不是不诚实、打小抄。

对事：老师说，这次考试的时候你翻书了，是这样吗？

对人：你怎么能打人，你这不是小霸王吗？

对事：你打了小明，因为他抢了你的玩具。他哭了，他妈妈很心疼，我也很尴尬。

对人：玩手机，你怎么说话不算话！

对事：你今天放学，已经玩了 1 个小时手机了。

做这一步时，还要注意，不要“失焦”，千万别自己越说越气，开始翻旧账，从玩手机扯到学习，从学习又说到做家务……训孩子也不能打疲劳战术，每次聚焦一个问题，精准突破。

步骤三：给孩子澄清的机会

陈述完事实之后，也可以适当表达一些自己的感受。这时需要有一个停顿、沉默，给孩子一个澄清或者自我消化的时间。

如果孩子表达出内疚和悔意——给予其安慰，进入步骤四。

如果孩子有反驳、确有其他原因——先聆听孩子的说法，再决定是否继续。

如果孩子只是表达一些情绪，为自己辩解——聆听，可以使用沉默，给予理解，进入步骤四。

不要小看孩子的自我反省能力，也不要轻易放弃自己的底线。

步骤四：说明错误的影响和改正后的意义

说出这个行为可能造成的影响。

更要说出改正这个行为，会给孩子带来的意义。

情境小练习：表达影响和意义

感受下表达影响和意义的不同作用。

影响：我觉得考试翻书这件事会特别影响你在其他同学眼中的形象。

意义：更重要的是，考试是用来帮助我们发现问题的，帮助我们把成绩搞得越来越好。所以妈妈会更看重真实的成绩。

影响：如果小明因为这件事不来家里玩了，我们是不是失去了一个朋友？

意义：你马上就要上学了，作为小学生，我们总得学会些更“文明”的处理矛盾的方法吧。

影响：你玩了 1 个小时的手机了，做作业的时间已经很少了，眼睛也受不了。

意义：我知道玩游戏很放松，但是如果我们能管理好自己的时间，做个有自控力的牛人，想玩就玩，想放下就能放下，是不是更酷？

步骤五：探讨纠正行为的方案

告诉孩子——如何才能做对！

有时候，我们要直接给出要求。要求要清晰明确，并确认孩子是否理解。有理不在声高，要温柔且坚定地给出指令。（参见工具 12）

有时候，我们可以和孩子一起商量解决的方法、行动的标准以及改正以后的奖惩措施，帮助孩子固化为习惯。（参见“放手”一章）孩子自己思考的结果，会更愿意执行。

步骤六：表达爱和信任

因为爱你，所以妈妈有责任给你指出来。

你一定能行，希望下次证明给自己看。

别难过了，我们打起精神来，一定能把这个困难打败。

妈妈不喜欢你这个行为，希望你改正，不等于妈妈不爱你。

步骤七：执行兑现承诺

对于改正的行为，根据约定，及时给予奖励。坚持直至成为习惯。

对于再次出现的错误行为，根据约定，实施惩罚，并再次循环 7 个步骤。

工具 11：行为纠正 7 步法

步骤一：做好谈话的准备。

步骤二：陈述事实，对事不对人。

步骤三：给孩子澄清的机会。

步骤四：说明错误的影响和改正后的意义。

步骤五：探讨纠正行为的方案。

步骤六：表达爱和信任。

步骤七：执行兑现承诺。

工具 12：提要求公式

对于一些需要及时解决的“此时此地”的行为问题，并不一定需要使用完整的 7 个步骤，可以直接套用下面的公式。

案例：孩子在地铁站台上乱跑，如何制止？

5 个基本要点：

说问题：地铁上不能乱跑，摔倒很危险。

说感受：妈妈很担心。

说要求：要保持安静、不能乱跑。

说好处：这样妈妈就更愿意带你出门。

说解决：你要是实在没事做，咱们一起数数站名。

4 个基本公式：

公式 1：单刀直入 = 问题 + 要求

公式 2：给出方案 = 问题 + 解决

公式 3：动之以情 = 感受 + 要求

公式 4：晓之以理（利）= 要求 + 好处

情境小练习：温柔且坚定的指令

参照以上的公式，想想看这些时候你会怎么说？

案例：天天磨磨叽叽，这么慢，给我快点！

改成：________________

参考：问题 + 要求（现在速度不行，可以加快吗？）

案例：你这是无理取闹，发什么脾气，我又不欠你的。

改成：________________

参考：感受 + 要求（你这样我很生气，把情绪调整好我们再谈。）

案例：你怎么不把你自己丢了，天天丢三落四的，烦不烦？

改成：________________

参考：问题 + 解决（你总丢东西这件事让大家都很麻烦，你想想怎么才能避免？）

案例：你这孩子怎么又没刷牙，蛀牙了怎么办？小心虫子把你牙齿全部吃掉。

改成：____________________

参考：要求 + 好处（现在给你两分钟时间去刷牙，检查合格了奖励一个睡前故事。）

批评 Tips

关键词：批评

思考题
打是亲骂是爱吗？“棍棒”到底要不要挥？ 孩子不接受批评，越批评越“逆反”是怎么回事？ 批评和惩罚的“尺度”该如何把握？ 哪些批评是我们冤枉了孩子的？ 如何使用批评有效“纠正”孩子的问题行为？

刻意练习：使用 7 个步骤纠正行为

请针对孩子的一个错误行为使用 7 个步骤进行正式的批评和纠正，并留意孩子的反应。

	准备你的表述	记录孩子的反应	可以改善的方法
步骤一			
步骤二			
步骤三			
步骤四			
步骤五			
步骤六			
步骤七			

批评工具箱导图

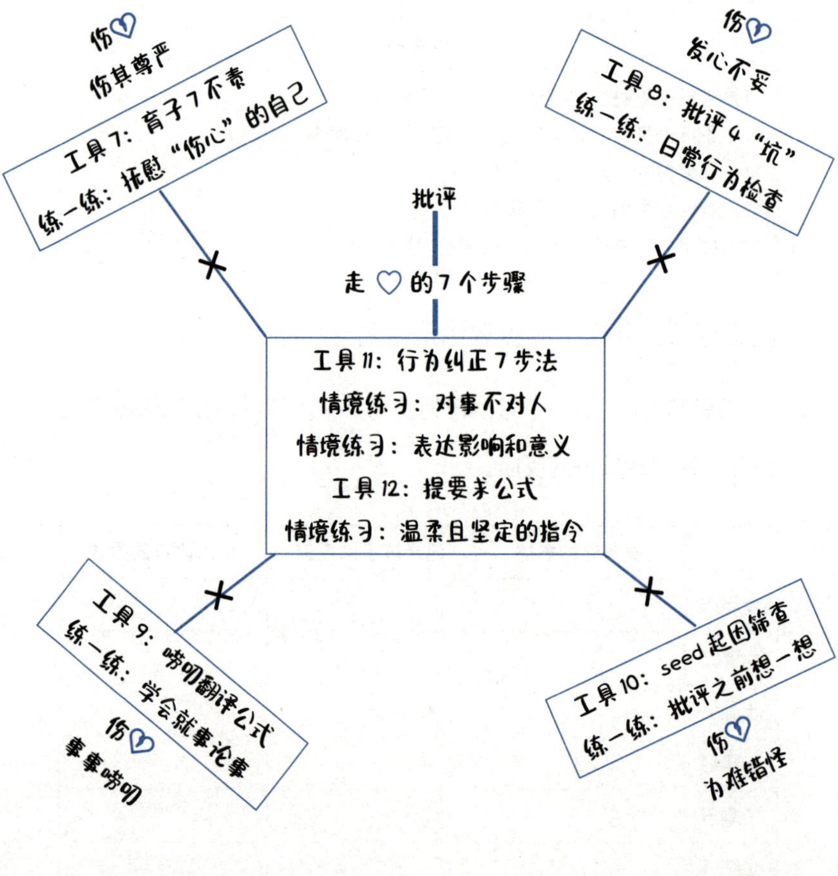
伤
伤其尊严
工具7：育子7不责
练一练：抚慰“伤心”的自己
伤
发心不妥
工具8：批评4“坑”
练一练：日常行为检查
批评
走♡的7个步骤
工具11：行为纠正7步法
情境练习：对事不对人
情境练习：表述影响和意义
工具12：提要求公式
情境练习：温柔且坚定的指令
工具9：唠叨翻译公式
练一练：学会就事论事
伤
事事唠叨
工具10：seed起因筛查
练一练：批评之前想一想
伤
为难错怪

第 3 章

询问，
懂比爱更重要

关键词：询问

女儿 10 岁的一天，突然放学回家在自己房间门上贴了一张纸条，“进来请敲门。”然后说，我要做独立女性了！随后“嘭”的一声关上了房门。这一系列操作搞得我哭笑不得。好吧，青春期来了。

不少家长很难适应孩子的青春期，因为孩子开始在他们的世界里把我们“拒之门外”了。家长很失落——搞不懂他们是怎么想的，小时候他们不是这样的呀？

可是，小时候，我们就真的能读懂孩子的世界吗？

两三岁时他们为什么认为玩具也是活的？四五岁时为什么他们会提出那么多奇怪的问题？六七岁进入社会，成为一名“学生”，他们在内心遭遇了哪些困惑和恐惧？八九岁时又是如何体会课外班、写作业、失去童年的心情的？那些曾经无忧无虑的笑脸背后，也是一个个丰富而复杂的世界啊。

我们多半都是“自以为是”地按照自己的理解，努力爱着孩子。而当孩子小的时候，他们只是没有“关上门”的勇气罢了。

思考题：

- 我们为什么会和孩子渐行渐远，如何理解他们的世界？
- 如何向孩子发出让他们敞开心扉的邀请，让孩子愿意跟你说？
- 如何通过有效的倾听，让你的孩子愿意说得更多？
- 如何了解孩子所说的话的背后故事？
- 当孩子还小或者自己说不清的时候，该如何去了解问题？

爱
“你喜欢的我知道。”
“是你想要的，流行的。”
懂
“都是为了你好！”
“我这是在保护你！”

理解孩子的世界：

懂孩子，比爱孩子更重要

孩子们的精神世界，日新月异。

出生时，妈妈就是孩子的全世界。那时候，是妈妈抱着她，向她介绍这个世界：这是爸爸、这是奶奶、这是饭饭、这是积木、这是小鸟……

幼儿园时，孩子开始去探索外面的世界，也开始有了自己的想象。他把老师也当作妈妈。他认为自己的玩具小马也是活的，会对它说话。他问妈妈，天上的星星为什么会对我眨眼睛，我是从哪里来的？爸爸妈妈会把自己对世界的理解告诉孩子。

上学了，孩子开始有了自己现实的世界，有了新的“崇拜”的人。他觉得老师好像比爸爸妈妈还要厉害！他要甩开妈妈的手，跟同学一起牵手回家。他希望父母亲能看到自己的每一点进步，给自己鼓励和欣赏，他开始给父母絮絮叨叨地讲自己对这个世界的理解：哪个老师怎样、哪个同学怎样、我最喜欢上什么课、你看我搭的乐高好不好……他可以自己走更远的路，去做更多家长想不到的事了。

青春期，孩子开始想完全建立起属于自己的精神世界了。同伴、偶像对她的影响开始超过父母。他们甚至开始刻意与父母保持距离，以便让自己感觉：“我是个独立的人了！”

孩子们一直在和我们渐行渐远。当你还一直以为他是那个小孩子，还在用他小时候的方式对待他时，而他可能早已经“移情别恋”了。

我们对孩子精神世界的影响力和参与度，随着孩子的长大是会发生变化的，从最重要的人到一个支持者、到朋友、到相互陪伴。甚至，我们会在他长大后享受他为我们打开的更大的新世界。

“懂”比“爱”更重要，我们要努力保持与孩子的精神世界不要“脱轨”。

工具 13："套近乎"通行证

进入孩子的世界，要懂孩子的语言。

- 使用她的表情包跟他对话。
- 去看他正在看的动画片、书。
- 知道她的粉丝的名字、星座、八卦。
- 会玩她最喜欢的一款游戏。
- 对他讨厌的某样东西、某个人表示，"哼，我也不喜欢。"

情境小练习：搜集聊天话题

3 ～ 5 岁的孩子最喜欢游戏和动画片，你的"套近乎"话题可以从他最喜欢的玩具或动画展开。你可能需要成为奥特曼的爱好者，以及小猪佩奇的伙伴，如果在聊天中，你还可以讲出孩子不知道的故事，他可能很快就会成为你的"跟屁虫"。

学龄期的孩子探索世界，一切他的爱好、好奇，都将成为重要的聊天话题。和他们一起去发现"十万个为什么"是最合适的。

青春期的孩子开始有了自己独立的精神世界，聊他喜欢的明星、游戏、八卦，都会让你们变得亲近。有和他们一致的表情包，是“套近乎”的秘密。

试试准备一下你的聊天话题吧：

发出你的邀请：

我们总是会高估了自己对孩子的了解，低估了孩子的精彩

2022 年 8 月，国家出台了严格限制向未成年人提供网络游戏服务的时间的相关通知。要求所有网络游戏企业仅可在周五、周六、周日和法定节假日每日 20 时至 21 时向未成年人提供 1 小时服务，其他时间均不得提供网络游戏服务。通知颁布后的那天晚上，女儿的手机游戏果然无法上线了。

看来，限制令生效了。

但是，这个禁令对孩子们来说是很突然的。女儿在房间里气得转圈。为了让她尽快平复情绪，赶紧做完作业，我安慰了下她："别难过了，有什么不开心就跟妈妈吐槽哈。"

女儿没理我，在和她的同学一起激烈地"抗议"。

我借口出门遛弯，也出去和其他家长分享胜利而激动的心情。出门没走多远，女儿发来了一篇小作文。

（经过女儿雯雯同意全文转载如下：）

妈妈你知道吗？我玩这个游戏5年了，从它一开始那个破破烂烂的页面，到现在看着它一天天越来越精致，我知道它每一次的变化！我以前，是个社恐的小孩，这你知道的，我都不太愿意和别人讲话。就是因为和同学一起打游戏，我才慢慢不怕交朋友了。而且我还敢去"怼"人了！（当然我知道这不一定对。）我还在游戏里认识了好几个朋友。（你放心，我听了你的建议，他们不是成年人。）我还学会了组队，班上那些游戏没我打得好的女生都是跟着我上分的。我现在，在冲刺一个更高的级别，就剩下最后两次机会了，我练了好久了，凭什么说停就停掉呢？就因为我们是可以随便被欺负的小孩吗？！这就是你们大人说的尊重吗？！

……

我停下脚步，在夜色里认真地读了很多遍女儿这条长长的信息。我发现，我竟然对我的女儿在游戏里获得了什么一无所知。

我一直觉得自己对女儿很了解，我们的沟通也很顺畅。我想当然地给打游戏贴上“有危害”的标签。然而，当我收到女儿的这篇小作文，我还是深深地被击中了。

我很庆幸自己当时没有表现出“幸灾乐祸”或者给孩子讲大道理，而是留下了那一句“欢迎跟妈妈吐槽”——是这个邀请。让我有机会听到了孩子内心的声音，而不是永远地与女儿的这段心路历程失之交臂。

工具 14：邀请的提问

邀请的要诀是真诚、平等、尊重孩子的想法，愿意努力去理解。

- 这是怎么回事？我很好奇，能说说吗？
- 对这件事，咱们想法好像不太一样，我挺想听听你的想法的。
- 抱歉，我像你这么大的时候，不是这样的，所以你们是怎么做的？

- 虽然大家都说成绩很重要，但妈妈还是挺想听听你对这事的真实看法的。

要注意语气，不要居高临下，不要像审问，不要带着要挑毛病的预设：

- 你给我说说，怎么回事！
- 你觉得这样做 / 这么想，对吗？
- 现在的孩子，怎么都这样！
- 你看看，我就知道你这些想法很天真。

千万不要在孩子说完马上否定、表示不屑、嘲讽……这样孩子就不会再愿意跟你分享了。

情境小练习：设计邀请的问题

你还能想出向孩子发出邀请的好问题吗？

①______________________________

②______________________________

③______________________________

会说的不如会听的：

有效的倾听，能让孩子想说得更多

亲子关系的好坏很大程度上取决于倾听的品质。

相比能说的家长，那些会听的家长往往更容易赢得孩子的信任，也更能够走进孩子的世界。

在我的教学中，有一个非常重要的训练，就是倾听“3+3”练习。

什么是3+3呢？即：3个使用+3个动作。

倾听中的3个使用：

用眼睛和耳朵去搜集，发现更多信息

- 注意他的小动作，但不一定马上纠正。
- 注意听他的音量、语速，体会他的心情。
- 对突然变得沉默或支支吾吾的时候，更耐心地倾听。

用身体去感受，跟孩子保持同频

- 你要停止你手中无关的事情。
- 选择一个适合倾听的，双方都舒服的位置和距离。
- 可以在身体姿势上，适度地进行模仿。

用情绪去体会，进入情感的共鸣

- 你可以慢慢跟随孩子的呼吸节奏。
- 尝试站在一个孩子的立场去体会他的感情。
- 觉察自己情绪的变化，注意自己是否反应过度。

倾听中的 3 个动作——

复制性的跟随

用诸如“是的”“嗯”“对”“好的”“我明白了”之类的言语，适度点头暗示你在专心聆听，而且可以鼓励说话者与你分享更多的信息，或者简单重复你所听到的关键词：“哦，叠飞机啊”“嗯，飞起来了”……尝试用说话者使用的词去重复，是最简单而有效的反馈方式。

支持性的提问

为了鼓励对方倾诉，以接受更多的信息判断对方的感受，你可以这样表达：

"你是不是觉得有点……"

"你想说的是不是……"

"你现在感觉很沮丧，是吗？"

支持性的提问不是引导和打断。支持是关注孩子说话的内容，支持孩子把情绪和事件述说得更完整。而引导是想把谈话按照你的方式进行下去，希望暗示孩子认可或灌输你的观点。

确认性的反馈

当你确信了解孩子的感受，并希望达成共识的时候，你可以这样表达：

"你刚才说……你一定感觉……妈妈理解得对吗？"

"你能……我真为你高兴。"

"这件事真是难为你了，遇到这样的事，妈妈也会感觉到……"

工具 15：倾听 3+3

倾听中的 3 个使用	倾听中的 3 个动作
用眼睛和耳朵去搜集，发现更多信息	复制性的跟随
用身体去感受，与孩子保持同频	支持性的提问
用情绪去体会，进入情感的共鸣	确认性的反馈

情境小练习：表现出你在听

在倾听过程中，重要的不仅是你在听，还要让孩子能“感觉到”你在听。

你可以像下面这样做：

- 弯下腰或蹲下身，与孩子视线平齐。
- 管理你倾听时的表情，孩子很怕突然的“黑脸”。
- 如果此时你有急事或不方便，温柔地打断孩子并告诉他，你什么时候可以回来。
- 孩子说话的时候，不看手机。

试试在与孩子的谈话中留意这些表现。

发现背后的故事：

我们总是太着急说教，阻挡了孩子说出心里话

孩子：妈妈我不想上学了？

妈妈：不上学？不上学你干什么去啊！

孩子：我就是不想上了！

妈妈：你啥意思？你怎么能有这种想法？

孩子：我没啥意思，学不会，不想上。

妈妈：你看，作为学生，咱们主要的任务就是学习，学不会不要紧，我们找方法解决问题，努力跟上啊！怎么能这么消极呢？

孩子：我找不到方法，我笨！行了吧！

大家有没有发现，这种你来我往的谈话，既不能解决问题，还经常会把天聊“死”，彼此都“添”了一肚子气。那我们该如何去询问出到底发生了什么呢？

有经验的家长一定会说，我们得先看看孩子的反应。

A. 他一脸沮丧，脚步沉重，“妈，我不想上学了。”说完把书包一扔，躺到了床上。（他一定是遇到了什么困难）

B. 衣服乱糟糟的，脸上好像还有伤，语气里透露出恐慌，“妈妈，我，我不想上学了……”说完把头低下，欲言又止。（他很可能与其他同学发生了冲突事件）

C. 他气呼呼地推开门，愤愤地宣布：“我不想上学了！谁也别拦着我！”黑着脸，砰的一声关上门。（他现在心情不好）

有了这些具体的表情、肢体动作、行为的补充，我们是不是能更多体会孩子的心情呢？

沟通中，对于语言的理解有三个层次：

第一层：语言内容本身

“我不想上学了。”

第二层：非语言内容（表情、肢体动作、行动）

沮丧、恐慌，黑着脸，欲言又止，躺在床上……

第三层：背后的故事（真正的原因）

遇到困难、遭遇冲突、学业跟不上、被老师批评……

“背后的故事”，孩子是很难在一开始就能完整、清晰地表达出来的。特别是在孩子有情绪的时候。但是非语言的内容会传递大量的信息，帮助我们去解读有限的语言内容，推断事情真正的原因。非语言信息是我们理解背后故事最有价值的线索。如果我们对非语言内容的体会不够准确，一听到孩子的话就急于下结论，停留在对语言内容本身的这个事（我不想上学）或者某个观点（我笨）的互动上，就很容易误入歧途。

要想找到孩子语言背后的故事，就需要先对非语言内容进行解读和回应。这是撬动孩子说出背后的故事的“开关”。

具体该怎么做呢？

A. 给躺在床上的小家伙准备点爱吃的水果，趁机问问他：“今天怎么这么没精神？不太高兴？”

B. 跟恐慌的孩子说：“孩子，脸上怎么了，别害怕，有什么事跟妈妈说说，我们一起来解决。”

C. 等关上房门的孩子气消了，唤他出来吃饭，顺便观察下孩子的反应。说：“今天你一回来就关上门，好像在生气，怎么了？”

当我们对非语言信息做出了准确的回应，孩子就会感受到被理解、被支持，也就更愿意跟我们进一步地敞开心扉。这时候，我们就可以有机会“顺藤摸瓜”，进一步揭开背后的故事了。

工具 16：回应公式

对孩子的非语言信息进行有效的回应，在上面的例子中，你发现有什么规律了吗？看看是不是使用的这个公式：

回应 = 事实 + 感受

A. 今天这么没精神 + 不太高兴

B. 脸上怎么了 + 别害怕

C. 一回来就关上门 + 好像很生气

情境小练习：有效给出回应

孩子说：期中考试，我屈居第二，就差 0.5 分！

是不是大家都常说：

第二已经很好了，下次加油！

谁是第一啊？

错在哪儿了？

试试先使用回应公式，看看孩子的反应，再去询问或者鼓励，体会下效果会有什么不同？

参考答案：

考了第二名（事实）+ 听着你有点委屈（感受）

就差 0.5 分（事实）+ 这太遗憾了（感受）

会听的不如会问的：

聪明的妈妈都是福尔摩斯，能够侦破所有孩子内心的“疑难杂症”

雯雯在上幼儿园大班的时候，有一天放学，见到我就带着哭腔说：“妈妈，老师坏，她把我的贴画全都没收了，我明天不上幼儿园了。”

如果我赶紧安慰：“不要紧，妈妈再给你买。”这并没有解决问题。

如果我批评孩子：“是不是你不守纪律了！”这很可能冤枉了孩子。

最糟糕的做法是，我顺着孩子说：“老师就是坏，我们不理她！”

我们都知道，要先搞清楚到底是怎么回事。可是，如果直接问：“怎么回事啊？”“为什么啊？”孩子因为太小又很可能说不清楚。

无论多大的孩子，都会有各自表达和理解能力的局限，如果家长无法顺藤摸瓜地了解“到底发生了什么”，是很难决定接下来如何解决问题的。这一步非常关键，却特别容易被家长自以为搞清楚了而“忽略”。还有的时候，我们因为苦于问不清楚，破案太难了，就草草用些安抚手段收场。

正确的做法是：先给予回应，安抚孩子的情绪。

——哎呀，贴画都被没收了，好伤心啊！

接下来，用“顺藤摸瓜法”进行提问。

怎么顺藤摸瓜呢？就是围绕孩子刚才表达中使用的一个“关键词”，提一个“还原情境”的问题。

在雯雯刚才的表述中，显然“没收”是个关键词。

那么再加上情境（5W1H）就可以是：

关键词 + 事件 What：

贴画被没收，你很难过，需要妈妈帮忙对吗？

关键词 + 时间 When：

那你跟妈妈说说，贴画是你们做什么的时候被没收的啊？

关键词 + 地点 Where：

哦，是在哪里被没收的啊？你在座位上吗？

关键词 + 谁 Who：

是班主任老师没收的吗？还是生活老师没收的啊？

关键词 + 为什么 Why：

那你知道老师为什么"没收"吗？

难点：为什么的提问，很多时候孩子是说不清楚的。对于小孩子来说，最重要的是通过 How 的提问，即通过这件事是"如何发生"的，进而来判断"为什么"。或者是在了解清楚情况以后，再用"为什么"去启发孩子的思考。

这个 How 的提问，是家长是否能"破案"的关键点。

关键词 + 如何发生 How：

那老师没收贴画的时候她是怎么说的啊？有没有凶你

啊？你能给妈妈学学吗？

那老师没收你贴画的时候，别的小朋友在做什么啊？

那后来，老师没收了以后，她让你做什么了啊？

有时候，情境比较复杂，孩子说不清楚，我们可以给出选择缩小范围。

你发贴画的时候，其他小朋友是在吃饭，还是没有吃饭来找你了？

老师是只没收了你的贴画，还是所有小朋友的贴画都被没收了？

老师当时在做什么？已经给你们发饭了，还是在让你们收拾玩具？

提供选择也是一种探索，一种推测，不要带着预设的答案："是不是老师不喜欢你？""是不是你违反了纪律？"这样，当孩子的理解能力跟不上的时候，会把你的假设当作事实。

好了，问到这里，"贴画事件"真相大白了。

根据我的了解，幼儿园在晚饭之前，会要求孩子们收拾好玩具，回到自己的小桌子那里坐好，等待生活老师发饭。雯雯显然在那个时候制造了一次“纪律事故”，她忽略了老师已经要求大家坐下来吃饭的要求，给大家发上贴画了。小朋友都跑到她那里去拿贴画，生活老师当然要在这个时候制止了。

于是，我跟孩子说：“小朋友们喜欢你的贴画真好，你可真大方！可是，妈妈觉得他们如果在吃饭的时候玩贴画可不太好，这样多不卫生啊。老师是不是担心这个，才帮你暂时“保管”下贴画呢？”

第二天，我跟老师沟通了这件事，确认老师并不是不允许发贴画，的确是孩子发贴画影响了大家吃饭。老师还把贴画都还给了雯雯，她得意极了！

***

“顺藤摸瓜”的使用，要像福尔摩斯破案一样，有足够的智慧和耐心。最忌讳：想要迅速解决问题。当你一快，就会难免犯“经验主义”的错误，代入自己太多的说教、道理，这很可能造成孩子的逆反情绪。

对于言语的表达能力还没有发育得特别好的孩子，我们还可以使用游戏的方法，跟孩子一起进行角色扮演，让孩子把事情和感受演出来。这个过程，虽然可能会伴有孩子的想象，但也会有很多发现。

即使，你确定已经了解了问题，也请耐心地多给孩子一些时间。因为耐心的询问也是一种陪伴。很多时候，这不仅是为了获得需要的信息，更能够让孩子舒缓情绪，感受到你对这件事的重视，同时，孩子也会在这个过程里，学习思考问题、解决问题的方法。

工具 17：顺藤摸瓜提问法

关键词 + 事件 What

关键词 + 时间 When

关键词 + 地点 Where

关键词 + 谁 Who

关键词 + 为什么 Why

关键词 + 如何发生的 How

情境小练习：会提问巧破案

沟通中，有些提问方式是天然会“绝缘”答案的。

作业写完了吗？怎么还没写完？

为什么不会，为什么不行，为什么……？

连这个你不知道吗？

你看我说什么来的？你看看是不是？

而顺藤摸瓜的提问方式贴近孩子的感受、能让孩子乐于接受，愿意分享、又能够真正发现问题。

在孩子遇到问题的时候，你也使用顺藤摸瓜的提问，去破个案吧！

孩子遇到的问题：

如何提问：

①____________________

②____________________

③____________________

你的发现：____________________

询问 Tips

关键词：询问

思考题
我们为什么会和孩子渐行渐远，如何理解他们的世界？ 如何向孩子发出让他们敞开心扉的邀请，让孩子愿意跟你说？ 如何通过有效的倾听，让你的孩子愿意说得更多？ 如何了解孩子所说的话的背后故事？ 当孩子还小或者自己说不清的时候，该如何去了解问题？

刻意练习：养成倾听、回应、提问的习惯

请练习工具 15/16/17，养成倾听、回应、提问的沟通习惯。

	你的表现	记录孩子的反应	可以如何改善方法
倾听			
回应			
提问			

询问工具箱导图

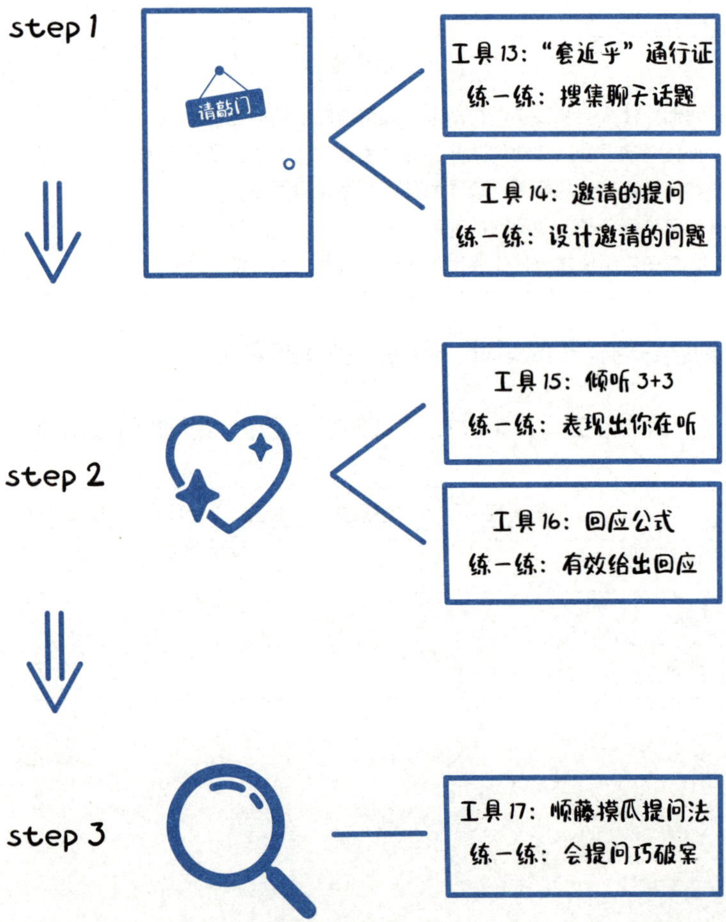
step 1
请敲门
工具13：“套近乎”通行证
练一练：搜集聊天话题
工具14：邀请的提问
练一练：设计邀请的问题
step 2
工具15：倾听3+3
练一练：表现出你在听
工具16：回应公式
练一练：有效给出回应
step 3
工具17：顺藤摸瓜提问法
练一练：会提问巧破案

灌溉施肥篇

第 4 章

支持，做给力的父母

关键词：支持

女儿四五岁的时候，在除夕的家庭聚会上，我带着她和几个亲戚家的小朋友一起做识字的游戏。我拿出识字卡，认识的小朋友就举手，由我点中谁来说，说对了发一张贴画。因为雯雯小时候识字很好，她总是会很快举手。我本能地怕怠慢了别人家的孩子，所以有时候会特意等等其他小朋友的反应，有时候即使雯雯和其他的孩子一起举手，我也会优先请其他小朋友先说。几次下来，雯雯觉得妈妈“偏心”，哭着转身跑开了，还一边抹着眼泪一边说：“没有你这么当妈妈的！”

面对这样的情形，你们也会像我这么做吗？很多时候，我们总是按照一个大人的想法、遵循所谓成人社会的标准、本着顾全大局的思路——去解决和处理孩子的问题。但是，我们忽略了孩子的感受，让他们没有感受到被爱、被支持，“爸爸妈妈不给力！”

我们认为“对”的解决方案和孩子真正需要的支持往往会背道而驰。

思考题：

- 玩手机、早恋、零花钱……怎么寻找这些问题的解决方法？
- 在哪些时候我们是必须要给孩子撑腰的？
- 自信的孩子是如何支持出来的？
- 当家长也没有经验的时候，如何寻找支持孩子的方法？
- 无条件地相信和支持孩子，会不会反而让孩子有压力？

给力
支持

找到给力的支点：

找到对的支点，才可以真正撬动问题的解决

在一次讲座的答疑时间，有家长问了一个问题：孩子写作业的时候经常听音乐怎么办？没想到这个问题得到了不少家长的共鸣，大家纷纷表达意见。细细听下来，大概有这么两类。

一类是“看不惯”。

“这怎么行？”

“这是不对的！”

“现在的孩子就是条件太好了！”

这类家长，都比较容易根据自己的经验下判断，内心里

有个标准，或者会给孩子贴一个标签。也就是在认知层面，先不分青红皂白就把这个事否定了。

还有一类是“太敏感”。

视之为洪水猛兽，怒气冲冲，表示坚决要制止！

一下子就回到自己担心的主题，影响成绩可怎么办啊。

十分焦虑，从听音乐想到会不会也玩游戏，从玩游戏想到网络成瘾……

这类家长往往还没把事情搞清楚，就已经把自己“吓坏了”。或者一提起这个问题，就气不打一处来。

当“看不惯”和“太敏感”出现的时候，我们往往无法解决问题。

课堂上，我跟大家说，要处理问题，首先要拿掉自己的“看不惯”和“太敏感”，然后，提出帮助大家解决问题的“5个谈话主题”。回家后，我也按照这几个主题和女儿做了交流。

问一问做这件事时，孩子的体会和感受是什么？

我说：“妈妈发现你有一个写作业的时候听音乐的习惯。我在讲课的时候也发现很多孩子也都有这个习惯。妈妈和其他家长一样也会担心影响你做作业时的注意力。你感觉会是这样吗？”

雯雯说：“不会，音乐反而是一个天然的隔断，会让我感觉外面的世界被隔绝了，可以很快进入学习的状态了。”

问一问孩子是如何理解这件事的？

孩子并没有我们想象的那么“幼稚”，对问题也会有自己的理解。她给我打开手机，说：“妈妈听什么音乐是有讲究的。你看，我听的音乐都是这种没有歌词的。”我发现歌单里的确有很多自习音乐、考试音乐、刷题音乐……我甚至在女儿这里学习到了一个新词叫“白噪声”。

问一问自己，你对这件事的观点和看法是否过时了？

跟雯雯的谈话，的确彻底颠覆了我自己关于学习时“应该环境安静”的旧观念。想起自己小时候没有这些电子用品，外部环境也没有在网络时代这么嘈杂。学习时，安静专注很容易实现。如今，看来的确要想点新办法了。

问一问其他人，这件事在他们的家庭里是如何处理的？

之后，我又找了一些家长和做注意力训练的老师了解这个问题，也的确没有发现听这类音乐，会影响注意力的实际证据。大家提出的一些问题我觉得很好，比如，如果习惯了听音乐才能专注，那么考试的时候没了音乐怎么办？用手机听音乐忍不住又刷视频怎么办？

我又返回来跟孩子一起继续探讨这些新问题，我发现孩子对有些问题已有自己的思考。她说，考试的时候，因为环境的氛围压力在那里，会自然地集中注意力。在家里反而不行，窗户外面马路上也有声音传来，房间里也有很多吸引注意力的东西，所以才需要音乐。

最后，问一问自己，我们要支持孩子前往的方向是什么？

这是最考验家长智慧的时刻了。很多问题都不是简单的禁止和允许就可以处理的。我们的孩子在这件事上处于什么状态？她的理解程度如何？基于当下的环境，我们解决这些问题的“关键点”又在哪里？最重要的是，我们该带她走向何方？

所以后来，我们又一起聊到了什么样的音乐可以提升注意力？如果打开手机被吸引了想去刷视频如何避免？还一起探讨了不少增强注意力的方法。

从简单的是不是要禁止写作业听音乐，到如何增强注意力，我想，我找到了解决这个问题的“关键点”——“如何在学习的时候集中注意力”。本来一个让家长担心的“问题点”，反而成为撬动孩子成长的一个新的“支点”。

每个孩子解决问题时需要的“支点”一定是不一样的，这取决于孩子的体会、理解、认知水平、自我管理能力等方面，所以这些问题的处理自然也不能一概而论。相通的是，我们都需要回到你的孩子的“位置”，去感受她的困难和需要。放下你的“看不惯”和“太敏感”，找到能让这件事给孩子带来成长的方向。

写这一篇的时候，我又特意问了下雯雯，你现在最需要的“支持”是什么？此时已经 15 岁的她说：“是支持我真正爱做的事吧。”

爱她所爱，想必就是最给力的支持吧！

工具 18：寻找支点 5 问

问一问孩子的体会和感受是什么？

问一问孩子是如何理解这件事的？

问一问自己，你对这件事的观点和看法是否过时了？

问一问其他人，这件事在他们的家庭里是如何处理的？

问一问自己，我们要支持孩子前往的方向是什么？

情境小练习：5 个谈话主题

使用 5 个谈话主题看看会有什么发现？

学习不好的朋友能交吗？

如果你的孩子交了一个你认为学习不好的朋友，你也可以问一问，他和这个朋友在一起开心吗？你能理解孩子真正内心的需要吗？

如何使用手机？

很多家长不给孩子手机用，担心影响学习。当我们去询问孩子对使用手机的看法的时候，你会发现，很多孩子也知道玩手机会影响学习，只是自己的自控力可能还没那么好；而且一些学校不允许使用，另一些学校则会建立学生微信群，留作业、发通知。我们是否也要考虑到这些因地制宜的情况呢？

早恋应该被禁止吗？

早恋这件事，在我们还是学生的时代，的确在很多地方都是被禁止的。可是，现代的孩子们发育越来越快、文化的开放度也在发生变化。在当下，主流的看法又是什么呢？出现了哪些变化呢？

要给零花钱吗？

零花钱的问题，其他家庭是如何处理的呢？金额是多少，如何给付？是否需要做家务兑换……和我们经济条件差不多的家庭和差距比较大的家庭是否也有差异呢？

工具 19：递进式表达法

在询问孩子的过程中，我们要首先表达清楚，自己为什么要做这次交流，尽可能不要让孩子感觉到“抵触”。我们是带着真诚和好奇来了解。递进式表达法能帮助我们更好地打开孩子的心扉。

情境小练习：从事实谈起

讲事实：妈妈发现你有一个写作业的时候听音乐的习惯。我在讲课的时候也发现很多孩子也都有这个习惯。

讲感受：妈妈和其他家长一样也会担心影响你做作业时的注意力。

提邀请：你感觉会是这样吗？也许和妈妈想的不一样吧？

腰该怎么“撑”：

关键时刻，永远不能缺席

孩子为什么会变得讨好、自卑和懦弱？是在他们需要支持的关键时刻，没有能给他们“撑腰”的父母。

心理学中有个“煤气灯效应”，描述的是一种心理操控手段，主要是通过各种暗示说服受害者，认为自己的想法是不对的，而加害者的想法是正确和真实的。让受害者产生一种自我怀疑，出现认知失调，从而对自己的感受和现实感都出现了混乱。导致他们的自尊心低下，从而被控制。这是一种典型的精神上的PUA。

这么可怕的事，有时候父母恰恰也在这么做。

你怎么这么小气?

你看看你怎么这么矫情?

跟弟弟发生冲突就是你的错!

老师说的就是你不对!

你看你又给我惹事?

这孩子就是不争气!

为什么别人总是欺负你?

仔细想想，这些语言，是不是也会让孩子产生自我怀疑呢?我明明不喜欢，明明委屈，我觉得这件事不怪我，我感觉自己受了伤害……但是父母说，这都是我的错!所以，我是坏的，我是不好的，我这样是不对的。

自我怀疑，是对孩子一个非常致命的伤害。孩子在成长的过程中，难免不会做、难免犯错、难免闯祸，我们虽然有责任让他们知道怎么做才是对的，但不能让他们对“自我”产生怀疑。当孩子的尊严、利益、自我价值可能被触碰或者损害的时候，我们是必须站出来给孩子“撑腰”的。

维护孩子的利益

当孩子不愿意分享心爱的东西，或者在和小朋友玩耍中孩子的东西被“抢”走的时候，我们不能说孩子自私，要维护孩子的“自我边界感”。否则孩子长大了会不敢去争取自己的利益。孩子的私人物品、私人空间、自我决定的权力，也是应该维护的。

不要顾及所谓的大人的面子，要说：“这是我孩子的事，请他来决定吧。”

尊重孩子的决定

小朋友经常会被强迫社交：来，给大家表演个节目。快，你怎么不和阿姨打招呼？上什么课外班、参加什么游戏有时候也会被大人认为“这是有用的”而必须去做。如果孩子总是被勉强违背自己的意愿去做事，不做就被扣个“没礼貌”“不听话”的帽子，久而久之，孩子也会认为自己很糟糕。

不要强迫孩子做你认为对的事。要说：“你不喜欢可以不做，不会强迫你。”

给孩子真正的公正

当孩子们之间起了冲突，真正的公正并非要求孩子一定要懂事、要听话、要让着年纪小的或者客人家的孩子。不能用“咱们是姐姐”“咱们是男子汉”“咱们是主人”去道德绑架孩子。谦让是一种美德，但前提是孩子自发自愿，并且不感到委屈。

要说：“放心，妈妈会解决这个问题，给你一个公平的答复！”

做孩子的保护伞

当老师打来电话，提出孩子的问题，我们要给孩子澄清的机会。

可以说：“感谢您关心孩子，我了解下情况给您反馈。”

当孩子在外面不小心闯祸，我们要有家长的担当。

可以说：“有问题请跟我说，我来解决。”

当孩子被他人否定和打击时，我们千万不能碍于面子不说话。

可以说：“我自己的孩子自己来管教。”

当孩子被人欺负，我们自然也要第一时间挺身而出。

告诉孩子：“可以还手。别害怕，无论经历了什么，你都可以跟妈妈说出经过……”

工具 20：给孩子撑腰的话

让孩子产生自我怀疑的话	给孩子撑腰的话
• 你怎么这么小气？	• 这是我孩子的事，请他来决定吧。
• 你看看你怎么这么矫情？	• 你不喜欢可以不做，不会强迫你。
• 跟弟弟发生冲突就是你的错！	• 放心，妈妈会解决这个问题，给你一个公平的答复。
• 老师说了就是你不对！	• 感谢您关心孩子，我了解下情况给您反馈。
• 你看你又给我惹事？	• 有问题请跟我说，我来解决。
• 这孩子就是不争气！	• 我自己的孩子自己来管教。
• 为什么别人总是欺负你？	• 可以还手。别害怕，无论经历了什么，你都可以跟妈妈说出经过。

情境小练习：表达你的立场

场景一：老师打电话来，婉转表达了对孩子学习成绩的不满，拖了班级的后腿，你会如何沟通？

场景二：邻居找上门来，说你的孩子弄坏了自己孩子的贵重物品，你会如何应对？

场景三：你怀疑孩子在学校遭遇了霸凌，他忧心忡忡，不愿开口，你会如何对孩子表达立场，让孩子愿意说出来？

静待花开勤浇水：

支持是一种能产生有效结果的实际行动

我们都想培养一个自信的孩子。自信从哪里来呢？

孩子上学的头几年，是自信形成的关键时期。自信就是一种自我效能感——“我可以”“我行”！这些感觉在孩子擅长的地方特别容易找到。同样，在孩子遇到困难的时候、做不好的时候，也特别容易产生自卑。

写到这里，大家还记得“批评”一章中我们说要在这里讨论的问题吗？如果我们的孩子跟不上进度该怎么办？到底要不要“静待花开”？还是要采取行动呢？

美国心理学家格塞尔曾经做过一个著名的“双胞胎爬

梯”实验：被试是一对出生46周的同卵双生子A和B。格赛尔先让A每天进行爬梯子训练，6周后，也就是第52周，A爬5级梯只需26秒。而在第53周时，没有经过任何训练的B，爬梯还需要45秒，格赛尔再对B连续进行两周的爬梯训练，到第55周，结果B爬上5级梯只需要10秒。尽管A比B早训练了7周，训练时间也是B的三倍，但是在56周和3岁时，格塞尔发现，A和B的爬梯成绩惊人地相似。

这个实验给我们的启示是：教育要尊重孩子的实际水平，在孩子尚未成熟之前，要耐心地等待，不要违背孩子发展的自然规律，不要违背孩子发展的内在“时间表”。而且，人为地通过训练加速孩子的发展，这是没有什么意义的，只会增加孩子的负担。因为等到他发育到位了，自然很快就会学会。

我女儿小学的班主任曾经有一个统计，入学时候考试在A段的孩子，未必3年级还在A段，反而很多B段，甚至C段的孩子，上升为A段。原因就是孩子的很多能力，在这两年会得到突飞猛进的发展，很多看似复杂的学习能力问题，其实很快就解决了。而提前抢跑的孩子，未必会在最后也领先。

这就是我们经常说的要“静待花开”。

当然，静待花开也不是什么也不做，你总得浇水施肥吧。现实很“骨感”，环境如此“内卷”，我们也不能让孩子在花开之前，自信心就都被暴风雨摧残了。

我的女儿小时候形象思维发育得比较好，但抽象思维发育得比较慢。她入学时可以识2000个字，但是却算不好10以内的加减法，必须靠“掰手指头”来解决。我知道她只要到了二年级很快就能进行“心算”。但是，我们现在要解决的是，班级的小朋友都可以不依靠“手指头”了，如果我们完全放任不管，会对孩子的自信心造成一些伤害。

所以我做了两件事——

心理建设：告诉孩子，掰手指头是正常的，这样才算得准。算得快挺好，但算得准也特别重要。又快又准就需要练习。

自信练习：我们每天就做10道题，争取每次都全对，增加孩子的信心。这种“小剂量”“高频率”的练习，让孩子找回自信又能稳步提高。获得自信的关键就是要让孩子能感觉到每一次都“成功”！所以在练习的设计上一定要适当“降低难度”“扫清障碍”到孩子可以胜任，每次提高一点点。

“静待花开”是一种顺势而为的笃定心境，这份笃定来自默默支持的行动。

在给孩子做心理建设的时候，可以使用“正常化”和“正面赋义”的沟通方法。

工具 21：正常化暗示

正常化技术：是一个积极的心理暗示，告诉孩子你遇到的问题不是特殊的，你的反应也是正常的，其他孩子也会遇到。避免孩子产生自我怀疑感和自卑感。

工具 22：正面赋义

正面赋义技术：这件事的积极价值是什么？掰手指头能算得更“准”。让孩子树立积极的信心。

情境小练习：做好心理建设

如果你是在“批评”一章中提到的写字总写不到格子里的超超妈妈，现在，你是不是知道了该如何支持孩子在写字这件事上获得自信呢？

据我所知，超超妈妈跟孩子说，“写不好没事，没练习过的小朋友都不会写。正好我们可以画回来，咱们一起做猜猜看的游戏。”（心理建设）妈妈买了作业记录本，里面已经画好了格子，写好了数学、语文、作业、日期等字样，孩子只需要填写内容就可以。（降低难度、扫清障碍）在家里，妈妈挑选记作业时最常出现的字，开始做练习：背、抄写、读……并且加强描红和笔画练习，让孩子尽快掌握握笔技巧。（小剂量、高频率）

先做自我突破：

“担心”只会增加负担，“我努力为你提供支持”才是爱

有位妈妈来做咨询，说家里有个漂亮的女孩子，如今长大了，她很焦虑，总担心女儿谈恋爱，遇到渣男可怎么办？我问这位妈妈，你知道怎么对付渣男吗？她一拍大腿说：“我就是不知道！所以才焦虑。”

很多时候，我们对孩子给不上力，是因为自己就没“劲”。

我女儿在上初二后，也遭遇了学习上的困难。当时，她在北京海淀一所优质的中学读书，当我去开家长会的时候，

面对教室里坐着的那么多博士、科研人员的学霸家长们，其实心里也非常有压力。我的专业是教育心理学，我知道自己在孩子情感的陪伴上还是有把握的，但是关于学习方法，我也要从头学习。如何记笔记、整理错题、下载错题整理软件、考察和试听课外班、跟其他家长交流经验……

支持，是要突破自己的局限，和孩子一起并肩去战斗。

工具 23：寻找方法提问

作为家长，我们也会遇见没有经验处理的问题，解决问题的时候如果没有头绪，可以尝试用下面的问题寻找方向：

- 达成目标（解决问题）需要哪些资源？
- 这些资源在哪里可以找到？
- 如果你必须得到帮助，你会想到谁？
- 如果需要发挥优势或者特长，你会怎么做？
- 其他家长是怎么操作这件事的？解决了哪些问题？
- 成功（失败）的家长是怎么做的？经验是什么？

情境小练习：妈妈的资源清单

养育是一个充满挑战的过程，当面临认知、经验的局限，我们可以在哪些地方寻求帮助并找到“答案”呢？耐心列一列，总能用得上。

网络资源有：________________

人际资源有：________________

专业资源有：________________

其他资源有：________________

“有条件”的支持：

别让你的代价，成为孩子一辈子的内疚

现在很多家庭都为养育付出了巨大的代价。不惜代价地“补课”“上兴趣班”，不少妈妈辞去工作，全职在家带娃。这样“无条件的爱”真的有用吗？

无条件的爱其实是源自人本主义心理治疗流派的治疗观念——无条件积极关注，是说心理咨询师要以积极的态度看待来访者，对他们的行为的积极面、光明面，给予有选择的关注，在咨询过程中，不作评价和要求，对来访者表现无条件的温暖和接纳，让来访者觉得他是一个有价值的人。这个治疗理念慢慢在家庭教育中被简单地解读成了一句简单的口号：“无条件的爱”。

为了学习家务活全包了，孩子一旦开始做作业，家里就得特别安静，对孩子的要求尽可能都要满足，每门课都安排辅导……这些“无条件的爱”就像怕跌倒就一直把孩子放在学步车里，担心孩子吃不下就把食物研磨得很细碎一样，都是对孩子成长力量的剥夺。“无条件的爱”的说法，还会给父母带来压力，导致她们压抑自己的感受，过分地牺牲自己，从而导致对孩子过度的控制。

每次出差，在航空公司起飞前的安全视频中，我都会听到这个提示：当飞机颠簸的时候，请先自己带上氧气罩，再去帮助孩子。保全自己的精力和自我发展，是对孩子支持的前提。如果对孩子的培养，超越了自己和家庭的“实力”和“精力”，会带来大量不必要的消耗。并且会给孩子带来巨大的精神压力。

工具 24：支持前的确认

- 这个支持是不是一定必要的？
- 为了这个支持付出的代价是否过大会带来压力？
- 有没有其他更小的代价可以达到同样的支持效果？
- 执行这个支持的过程中家长的精力是否被过度消耗？

- 这个支持是否牺牲和损害了家庭和家长长期的可持续发展？
- 这个支持孩子是否“领情”？是否能达到效果？
- 不能提供这个支持，你是否会过度内疚，超过了事情本身？

情境小练习：调整至最佳支持状态

找到日常生活中，你在支持孩子的过程中感觉到疲惫或焦虑的事，静下来，认真问问自己以上 7 个问题，看看是否能找到更加有效的方法，或者调整到一个更加高效的不内耗的状态。

支持 Tips

关键词：支持

思考题
玩手机、早恋、零花钱……怎么寻找这些问题的解决方法？ 在哪些时候我们是必须要给孩子撑腰的？ 自信的孩子是如何支持出来的？ 当家长也没有经验的时候，如何寻找支持孩子的方法？ 无条件地相信和支持孩子，会不会反而让孩子有压力？

刻意练习：解决问题我的 5 个谈话主题

请在日常生活中，练习寻找支点 5 问，拓展自己，解决孩子的实际问题。

	问题	记录结果	你的发现
第一问	孩子的体会和感受是什么？		
第二问	孩子是如何理解这件事的？		
第三问	你对这件事的观点和看法是否过时了？		
第四问	这件事在他们（别人）的家庭里是如何处理的？		
第五问	我们要支持孩子前往的方向是什么？		

支持工具箱导图

支持

↑ 支持孩子 ↓

解决问题

工具 18：寻找支点 5 问

练一练：5 个谈话主题

工具 19：递进式表述法

练一练：从事实谈起

出面撑腰

工具 20：

给孩子撑腰的话

练一练：

表述你的立场

静待花开

工具 21：正常化暗示

工具 22：正面赋义

练一练：做好心理建设

↑ 搞定事 ↓

↑ 强大自己 ↓

自我突破

工具 23：寻找方法提问

练一练：妈妈的资源清单

评估条件

工具 24：支持前的确认

练一练：调整至最佳支持状态

↑ 搞定自己 ↓

第 5 章

放手，成长需要空间

关键词：放手

女儿小学时，作为少先队员代表参加了中华人民共和国成立 70 周年庆祝活动的群众游行演出。为了完成这个光荣的任务，她第一次离开家，参加了封闭式的阅兵训练。那年她才 10 岁。由于这是一项保密任务，家长不仅没法探望，也无法了解孩子的具体情况。她能适应阅兵训练的强度吗？集体生活会遇到困难吗？她会不会想家？……对于孩子和家长来说，真的都是一项巨大的心理挑战。但时至今日，我们依旧很庆幸当初能够勇敢“放手”，让小雯雯去迎接了这个挑战。因为孩子令人惊喜的成长，总是发生在这些“分离”的时刻。

还记得孩子蹒跚学步的时候，我们第一次忐忑地试着放开手吗？在他学习脚踏车的时候，我们偷偷松开后座，不再帮助保持平衡；在她背上书包走进幼儿园的那天早上，我们挥挥手，然后狠心转身……

孩子是在一次次“放手”中长大的。

思考题：

- 为什么父母不在身边的时候，反而是孩子成长最快的时候？
- 孩子为什么磨蹭、拖延，一离开父母的要求就什么都做不了？
- 什么时候可以放手？放手要如何“放”？
- 如何终结“吼作业”，帮助孩子养成好习惯、戒掉坏习惯？
- 面对内卷该如何学会放手？如何才能把行动掌握在自己手中？

请放手

给出成长的空间：

成长，是有能力去打开一个又一个新的世界

很多小朋友都会有一个要随身带着的“物件”，比如，一个柔软的玩偶、一个布艺枕头、一条毯子……他们对这个物件十分钟情，走到哪里就带到哪里。这是怎么回事呢？

在心理学中，把这样处理孩子和妈妈的分离焦虑的贴身之物叫作“过渡性客体”。它们是儿童自己发现或者创造出来的。当孩子知道妈妈不可能随时随地地出现后，他们就找了这个替代性陪伴自己的物品。让他们感到舒适、安慰，能对抗焦虑、寂寞，帮助自己安然入睡，或者在出行的时候，抱在怀里感觉自己不那么孤单。

孩子的成长非常需要这样的心理“过渡”。即使成年人，想想当我们新到一个单位、去外地生活，也是会带上自己的“熟悉之物”。这些熟悉之物会帮助我们更快地完成对新的环境、新的人际关系的心理适应的过程。

与过渡性客体起到同样适应作用的还有“过渡空间”。这个空间在形式上表现为介于孩子“熟悉的”和“未知的”环境之间；在心理上，也介于孩子已有的内心经验和陌生外部现实之间。比如，小区院子里有一个游乐场，孩子们经常在家长的陪伴下在那里和邻居小朋友做游戏。这个空间帮助孩子适应了“交友”的现实过程，但又保留了和家庭熟悉的相关感觉。再比如，上学前，孩子参加了一个幼小衔接的课外班，在这个空间里开始执行学生的规则，但也保留了幼儿园的一些熟悉痕迹。过渡空间，不仅给孩子带来了新的适应行为，也让孩子获得了全新的内在成长。

延展开来，“过渡空间”不仅可以是一个客观的环境，也可能是一次新的社交活动、一个需要尝试的新任务、一次独自的旅行……这样的过程，也构成了一个“过渡空间”，即“带着熟悉去迎接陌生”“本着已有的经验去应对新挑战”。

放手，就是敢于让孩子去挑战一个个“过渡空间”，甚至创造出这样过渡的空间，去延展孩子现实的脚步，也同时拓展孩子内心的广度。

成长，需要“空间”。

工具 25：AAA 鼓励法

当孩子去一个新的环境、迎接一个新的挑战，难免会感觉到害怕，这个时候，鼓励就非常重要。

Allow 允许

当孩子说：“妈妈我害怕！”千万别说：“这有什么好害怕的！”这样否定了孩子的感受，孩子就更没有力量去勇敢尝试了。可以说：“妈妈知道了。如果是我，也会这样吧。”当孩子可以表达出害怕、担心时，其实就没那么害怕了。

Accompany 陪伴

陪伴是最好的鼓励。陪伴可以是在场的。你可以说：“妈妈陪着你一起做！”“放心吧，妈妈就一直在出口等你。”陪伴也可以是精神上的：“妈妈会一直给你加油！等你胜利回来！”

Anchor 心锚

当孩子完成挑战，要能够及时跟孩子回顾有价值的“经验+感受”。跟孩子说：“你能解决这个问题，真是很勇敢。”“你这样做，真是太机智了！”给孩子在成功的感觉上种下心锚。当下一次再出现需要挑战的情境时，就可以说，“还记得上一次你是怎么解决的吗？就像过去一样，一定没问题！”

情境小练习：放手前的预热

孩子在成长的过程中有很多“重要时刻”，第一天上幼儿园，第一次独自下楼玩耍，第一天上学，第一次放学自己回家……你会为这些挑战做一些什么样的“过渡准备”呢？在过程中，你又可以如何鼓励孩子？

Allow 允许：________________

Accompany 陪伴：________________

Anchor 心锚：________________

别“拴住”孩子：

童年的枷锁，可能会成为孩子一生无法挣脱的命运

佳佳四年级了，妈妈“事无巨细”地帮助她规划好了每一天放学后要做什么，从上小学开始就这样。到了高年级以后，妈妈想，是不是可以放手了？没想到，一离开妈妈的计划，只要妈妈不监督，佳佳就磨蹭、拖延，自己不会做了。妈妈很困惑：“我都跟你一起做了这么多年了，你还没有学会吗？”

到底哪里出了问题呢？也许听完这个故事我们会有一些启发。

小象出生在马戏团中，它很淘气，总想到处跑动。工作人员在它腿上拴上一条细铁链，另一头系在铁杆上。小象对这根铁链很不习惯，它用力去挣，挣不脱，它无奈地只好在铁链范围内活动。过了几天，小象又试着想挣脱铁链，可是还没成功，它只好闷闷不乐地老实下来……一次又一次，小象总也挣不脱这根铁链。慢慢地，它不再去试了，它习惯铁链了。小象一天天长大了，以它此时的力气，挣断那根小铁链简直不费吹灰之力，可是它从来也想不到这样做。它认为那根链子对它来说，牢不可破。

心理学上有个术语叫“习得性无助”。讲的就是小象最后无法挣脱锁链的状态。这种“无力”“我做不到”的心理暗示早已深深地植入了信念之中，即使拿开“锁链”，也变得无法行动。

妈妈事无巨细的“管理”，就好像拴住小象的锁链。虽然佳佳每天也在妈妈的推动下完成了任务，但是却丧失了自己最宝贵的主动性，甚至有些孩子还失去了热爱学习的动机和自信心。

会让孩子变得“无助”的家长常常容易犯以下的错误。

- 不断打击孩子，总是觉得孩子不行。或者过高地要求孩子，怎么做也达不到父母的标准。

- 非常强势，一意孤行。认为不对的事就不许做。孩子慢慢就失去了表达自己需要的能力，说了也没用。
- 过度地照顾，只要学习就好，让孩子失去生活自理能力，慢慢地也就没有了各方面的主动性了。
- 还有一种非常隐蔽，叫作极度优秀的家长。孩子怎么做也达不到家长的标准，感觉到自己无论如何都无法超越父母亲，自己是个失败者。

工具 26：转化无力的语言

当孩子心里没劲儿的时候，会经常说：我做不了，我不知道，我不会，那太难了，我没办法……家长这时候不要责备孩子，可以试着转化为行动的方式去鼓励孩子先动起来。孩子行动后有了哪怕一点点成绩，我们都要马上积极地肯定，再继续尝试、继续肯定。这样逐步让孩子变得更加主动。

我做不了——来，咱们先从这里开始做。

我不知道——想想看，我们在哪里可以找到答案？

我不会——你想了解哪些？需要妈妈教你点什么？

那太难了——整个完成是有点挑战，我们先从这个你可以的部分开始做。

我没办法——我们试试，这样是不是可以。

情境小练习：情绪脱“钩”

想要转化孩子无力的语言，父母要先能控制好自己的情绪。因为孩子的这些消极的表达就像“钩子”一样，很容易把我们的负面情绪钩出来。家长一听到这样的话就会愤怒、焦虑、担忧……在语言上就在不由自主地强势、控制、指责……这样不仅不能帮助孩子，还会加深孩子的无力感。下面这个填空题，帮你把“钩子”找出来，在之后的沟通中一定留意。

每当孩子说________的时候，我就会________（情绪），

同时会对他________________（采取的语言和行动）。

往往结果是____________________。（孩子的表现）

所以下一次我要__________________。（语言，行动）

恰到好处的挫折：

成长的挑战，是要“跳一跳”就能够到的

“拴住”孩子，会束缚孩子的成长，但如果太“放手”，没有了保护，或者设置太高的“挑战”，也会因为孩子在能力上无法胜任，或者心理上无法承受，而产生挫败、自卑、畏惧的情绪。

成长需要“恰到好处”的挫折。

雯雯去参加阅兵训练之前，其实我们也对孩子进行了相应的评估。她虽然没有独自离开家这么久，但我们会经常带她出门旅行，接触陌生环境、让她解决一些遇到的问题。她还参加过一次短期的由学校组织的“游学”活动，与熟悉的同学、老师一起在农场同吃同住了几天。所以这一次阅兵训

练，是在这些已有的现实技能和心理适应的基础上，又增加了时间长、任务重、陌生同学集体生活、严格保密，这样的一些“新挑战”。

评估孩子是不是可以胜任挑战，可以考虑以下几个方面。

评估现实能力：

现实能力，包括孩子的智力、技能水平、经验程度、对环境的熟悉度，等等。也就是在现实中，孩子接受的这个挑战，是不是通过想办法能够胜任，而不是注定要失败，甚至有伤害的可能性。

评估心理能力：

心理能力是家长特别需要关注的。我们往往在按照自己的心理感觉去评估或者简单推断，很难设身处地回到孩子的感受。对孩子来说，从游乐场里看不到妈妈都是一场巨大的“灾难”。第一天上幼儿园，也要经历特别复杂的心理过程。即使上了初中的孩子，对他们来说交不到朋友，或者失去一个朋友，都比我们想象的要经历更多的心理适应的过程。

评估支持资源：

在这个挑战中，孩子可以得到的支持是什么？支持分现实层面的，也包括心理层面的。离开家的孩子，带好通信工具，带着“过渡性客体”，同行者是否有熟悉的伙伴，遇到特殊情况，哪些人可以帮助到她。集体活动中，组织者也是非常重要的资源。

评估挑战内容：

小一点的孩子们都会因为“游戏”而忘记了“害怕”，更容易适应新的环境。所以内容是否足够“有趣”很重要。大一些的孩子们，开始懂得了“意义”“责任”“荣誉”，就更容易能够调动心理力量去接受更困难的挑战。

工具27：评估心理能力

小朋友可以问

你想自己试试吗？

这样可以吗？行吗？

我能陪你先做一次吗？

注意：不要轻易问，害怕吗？这样会带来一个消极的暗示。我们可以从孩子的情绪状态里，观察他是否胆怯、害怕。带着鼓励去问：可以吗？

大朋友可以聊

这件事你是怎么考虑的?

你的担心和顾虑是什么?

需要妈妈给什么支持吗?

你觉得困难可能是什么?

如果遇到了……你知道解决的方法吗?

情境小练习：观察孩子的承受力

评估孩子的心理承受力，我们可以从以下几个方面进行观察，在沟通中要多多注意这些信息，想一想你的孩子在挑战一件事之前的表现，写出来，感受下。

心理能承受（胜任）：

语言信息（怎么说）________________

非语言信息（表情、肢体动作、情绪）________________

行为信息________________

心理不能承受（不胜任）：

语言信息（怎么说）________________

非语言信息（表情、肢体动作、情绪）________________

行为信息________________

好习惯巧养成：

养成一个好习惯，少去一箩筐头疼

有家长问我，“张老师你在家里也‘吼作业’吗？”我想了想，还真是几乎没有。这得益于雯雯从小就养成了按时完成作业的好习惯。个人卫生、内务整理、手机游戏……这些其实都是行为习惯的问题。孩子每养成一个好习惯，成长路上就会多一分自信，家长也更容易放手。

养成好习惯其实很简单，把握三个要素：条件、行为、奖励。

条件，就是要在什么情况下使用这个习惯：包括时间、地点、情绪、周围的人、之前发生的事。大人们都很难仅仅靠意志力去养成习惯，何况孩子呢。所以，要学习巧妙地把促成习惯的这些条件设计好，就会事半功倍。

举个宿舍管理的例子。为什么住宿舍的时候作息习惯就很好，回到家里自己就难以保持？这就是“条件”的作用。宿舍管理，严格遵循了一个按时睡觉的“条件组合”。晚上10点半（固定时间），上床（地点、环境），全体同学（周围的人），浴室10点一刻关闭（之前发生的事），准时熄灯（紧张，触发情绪反应）。这些条件组合在一起，帮助行为进行了固定。

记得雯雯第一天放学回家（时间），我召开了一个家庭会议，向大家宣布，从今天起雯雯就是一名小学生了，做作业是我们非常重要的一项“工作”。全家人都要支持雯雯完成这项“伟大”的任务！（情绪）她要亲自在自己的房间里安静地完成这项任务（地点），奶奶在写作业期间不能来送吃的了，弟弟也不可以敲门打扰（环境）……然后我们关门、打开小台灯、收拾好桌面（之前发生的事），开始写作业。这个满满的仪式感就是设定了一系列条件。雯雯一直保持着这个习惯，即使上了初中在网课期间，她也会关门、开灯（动作连续的条件反射），然后开始学习。

行为，顾名思义，就是在这个习惯里，我们要干点什么。

很多家长都说，“我们家娃写作业习惯不好。”但是到底写作业的习惯，哪里不好？要怎么做才算好？这里最重要的就是你要知道“最小关键动作”是什么。

比如，最开始写作业：整洁桌面、开灯、坐直、拿出书本。这些就都是最小关键动作。整洁桌面，保证孩子的注意力不会被桌子上的玩具、文具吸引。开灯、坐直意味着保护视力的暗示。拿出书本，意味着开始学习。

如果是写字作业，最小动作可能就是计时完成一页。如果是背诵作业，最小动作可能就是先通读三遍。雯雯还有一个记作业的本子，每写完一项作业打一个钩，这也是老师从小就要求的最小关键动作。

工具 28：最小动作指令

很多时候，孩子不能养成好习惯，就是因为我们没有把要求提到“最小关键动作”。比如，我们总是说：“你快把玩具收好！”可是，怎么收呢？如果你换成说：“把玩具全部都放到整理箱里。”这样的指令就更加清晰了。

指令 = 目的物 + 程度 + 结果

把玩具 + 全部 + 放回整理箱

情境小练习：设计最小动作

试试看，翻译下你的指令，让它的最小动作更清晰。

①你想让孩子把衣服收好。

参考答案：把衣服 + 叠好 + 放进柜子。

②你想让孩子把手洗干净。

参考答案：洗手 + 要打肥皂搓 7 下 + 肥皂全部冲掉。

③你想让孩子预习课文，整理好词好句。

参考答案：课文 + 通读 3 遍 + 把成语全部挑出来。

在设计最小关键动作的时候，也有一些诀窍：

亲自示范

说了很多遍，不如亲自一起做一遍。就拿收拾玩具这件事来说，一起操作一遍，一边操作一边跟孩子解释动作："先装大个子的""书本要放在书架上""最后，把箱子放整齐"......孩子就很快掌握了。

由简入繁

一年级时，我是陪伴女儿一起做作业的，及时纠正坐姿，帮助计时、讲解、检查、纠错、发贴画。然后一起收拾书包，才能结束出房间玩。孩子的最小关键动作也都是比较简单的，坐直、写一页、指读一遍、算10道题、改错、装书包……二年级以后，我就不在房间里了，但是会检查作业，督促收拾书包。她的最小关键动作变成了每一科目任务完成，困难习题理解纠错，自己整理书包。三年级以后，我就只是按老师要求每日签字、问问有没有什么困难了。当写作业这件事变成了她在日常生活中的一个“流畅”的系列动作。这时候习惯就已经养成了。

动作分解

动作分解这件事，游泳教练做得非常极致。小朋友学游泳时，头几天，是趴在游泳池边上，练习手脚划水。然后扒着池子沿儿，浮在水面，练习蹬腿。同时，还有沉入水里的憋气练习。之后才是身上扎上浮板下水游，再把浮板一块块撤掉。最后一天，就是站在泳池边上，完全没有保护，突破心理障碍，扑通一声跳下水。

很多复杂的习惯，都需要这样分解之后进行练习。孩子才能掌握。“复杂”是相对于孩子的能力而言的，对于第一次写字的孩子来说，要先练习描红、再写简单的笔画、再从简单的字到复杂的字，越写越多。而对于已经有一定学习能力的孩子来说，学习动作可以分解为预习、听课、复习、阅读、整理错题本……很多孩子到了四五年级，发现学习习惯不好，是因为小时候的最小关键动作没过关。需要从头开始，回到整理桌面、开灯、拿出书本……

最后，奖励。就是做完了动作可以得到什么“好处”。奖励可能是来自父母高质量的肯定，也可以是一些实物鼓励，也可以是一种“自然奖励”，即完成任务后的成就感、好成绩。

奖励是一种强化，目的是让孩子不断重复动作，直到内化为习惯。

工具 29：推动的语言

我们在跟孩子要求做最小关键动作的时候，表达方式尽量使用积极的、推动行动的语言。而不是打击的、批评的。这样会让孩子更加愿意行动。

比如，让孩子养成饭前洗手的好习惯。

打击的语言

不讲卫生，你又肚子疼！

你还不去，不洗不许吃东西！

又想偷懒了是不是！

推动的语言

正面意义：讲卫生的宝宝现在要洗手啦～

带入情境：你待会想用哪个味道的香皂？

给出选择：咱们走着去，还是跑着去？

增加趣味：快去，洗手池的小青蛙又等你了！

情境小练习：戒断坏习惯

这里讲到了如何养成一个好习惯，那么，如果有一个坏习惯，又该如何戒除呢？

在大脑科学的研究里发现，习惯是很难根除的。每一个习惯都对应一个特定的大脑神经回路，一旦触发就会产生几乎自动化的行为。就好像，你晚上只要一躺下就想刷会儿手机一样。那么坏习惯怎么戒断呢？靠意志力直接要求自己躺下马上睡觉恐怕有点难，还可能会导致翻来覆去睡不着。可以换一个思路——在同样的条件下，替换掉旧的行动，给予新行动奖励。比如，晚上一躺下，就开始读几页书，然后给自己个奖励。随着不断强化新行为，让新的习惯替换掉了旧的习惯。

注意：戒断坏习惯也同样不要使用打击的语言，这样反而会强化坏习惯。

想想看可以使用哪些推动的语言去强化和鼓励新的行为。

按下暂停键：

别让自己内心的焦虑占据了孩子成长的空间

上课时，有父母会问："现在好'卷'，我们也心疼孩子想放手，但又不敢放手，该怎么办？"这个问题确实有点难，谁又能完全轻松地置身于外呢？

我们为什么会"卷"起来了呢？

> 离开危险、保护自己，这是人类的一个本能。比如，你走在漆黑的街道上，感觉到不安全时，就会本能地加快脚步，赶快离开这个区域，让你赶快走到能够有光明的区域。这个本能"加快脚步"的行动在心理学上被称为"安全行为"。当今的时代，未来的不可预测或不明朗的生存状况，

这对人来说也是一种内心的“危险”。这时我们就会产生非常忧虑的心理状态，焦虑就发生了。我们本能地需要“加快脚步”“离开危险区域”。内卷就是一个最常见的安全行为。

安全行为的核心目的本来是为了回避、消除、减轻焦虑。一开始，可能是有用的。可是一旦深陷其中，就会忘记，自己当初其实只是想要“加快一点脚步”，但跑着跑着却制造出了更多的问题。

课堂上我和学员一起商量出了一个关于内卷的对策：跑两步、歇一步、看一步。

歇一步是要学会“按下暂停键”，允许自己休息、补充能量。只有这样我们才能有机会去“看一步”，即对当下的状态有觉察，对现实的情境做反思。然后，我们才能有决心对“被动”的行动放手，面向未来，做出“自主”的行动。

工具 30：自主他主对照表

清华大学积极心理学研究中心副主任赵昱鲲在接受《三联周刊》采访的时候说：“很多努力的背后，其实都是焦虑使然。”“真正有效的努力，要看你是否失去自己，看你的努力是自主的，还是他主的。”内卷就是一种典型的他主型努力。

自主的努力	他主的努力
自己发自内心想要的	被外界所操控，被压力、焦虑所驱使的
正面情绪驱动，感觉到兴趣、力量、成就感	负面情绪驱动，感觉焦虑、疲惫、自责
迎接困难，遇到挫折也能保持信心	应对比较，一旦做不好就会怀疑自己
得到结果之后，满足，有意义感	得到结果之后，短暂的快乐，空虚

情境小练习：识别假装努力

当我们的孩子早出晚归，学习很辛苦，又在结果上总是不太满意，又不开心的时候，家长就需要警惕：孩子是不是只是由于压力在被迫“努力”。这样他主的“努力”，不仅在结果上不理想，还容易伤害孩子的身心健康。如果有以下的情况，我们有必要按下暂停键，好好跟孩子谈一谈。

1. 看似专心听课，但是问学习了什么又含糊不清。

2. 写作业到深夜，但效率不高，精神状态差。

3. 边刷题边看答案，同样的错误反复出现。

4. 记笔记很在意形式，看起来也写了很多，但缺乏实效，没有重点、思路。

5. 补课很多，占用大量时间，一旦不补就不会。

想想看，还有哪些无效的“努力”：

____

放手 Tips

关键词：放手

思考题
为什么父母不在身边的时候，反而是孩子成长最快的时候？ 孩子为什么磨蹭、拖延，一离开父母的要求就什么都做不了？ 什么时候可以放手？放手要如何“放”？ 如何终结“吼作业”，帮助孩子养成好习惯、戒掉坏习惯？ 面对内卷该如何学会放手？如何才能把行动掌握在自己手中？

刻意练习：养成一个好习惯

请设计习惯三要素：条件、行为、奖励，帮助孩子养成一个好习惯。

同时要注意分解“最小关键动作”，多多使用最小动作指令、AAA 鼓励法和推动的语言帮助孩子养成好习惯。

	习惯	如何下指令	如何推动
关键动作 1			
关键动作 2			
关键动作 3			

放手工具箱导图

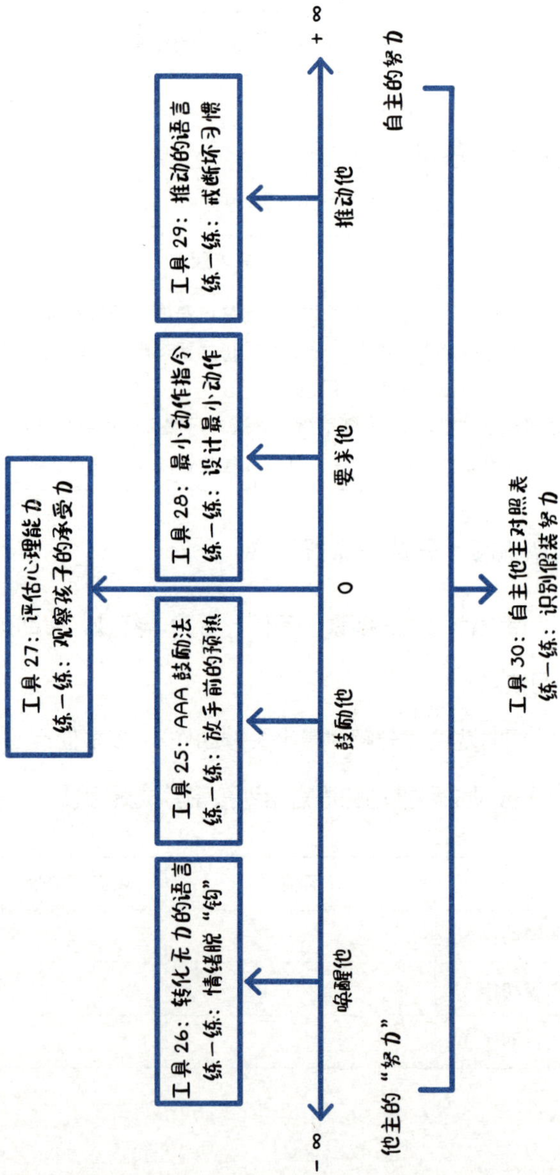
工具 26：转化无力的语言
练一练：情绪脱“钩”
工具 25：AAA 鼓励法
练一练：放手前的预热
工具 27：评估心理能力
练一练：观察孩子的承受力
工具 28：最小动作指令
练一练：设计最小动作
工具 29：推动的语言
练一练：戒断坏习惯
－∞
唤醒他
鼓励他
0
要求他
推动他
＋∞
他主的“努力”
自主的努力
工具 30：自主他主对照表
练一练：识别假装努力

第 6 章

决定，接管自己的人生

关键词：决定

女儿在初中二年级的时候，我们全家人面临一个特别重要的决定，是继续在海淀强压力的学习环境下参加中考分流，还是提前转入文化课相对压力小的学校的美术班，开始专业学习，未来参加艺考。我和她父亲考察了相关的学校和集训画室，把各方面利弊都给孩子做了分析。希望孩子能自己做出这个重要的决定。

女儿说，“我一定好好完成初二的文化课考试，再去冲刺专业考试。我不想让别人觉得我是因为文化课压力大才做出这样的选择。是我要去选择艺术，而不是让艺术收留我！”我到现在还记得这句年轻人的“誓言”，接下来是两个月酷暑下高强度的备考，最终雯雯以优异的成绩被学校录取了。收到录取通知书的那天，她发了个朋友圈，说："从小热爱的美术，让我的命运小齿轮开始转动了！"

很多人问我，当初做这么重要的决定，依据的是什么？我回想起那天，我把集训的画架、画材买回家，雯雯在地上拆开包装箱……是女儿那一刻眼睛里闪出的久违的光，让我下定决心。

如果养育也有终极目标的话，我想，那就是让孩子寻找自己心底的"光"，去接管自己的人生。

思考题：

- 课外班孩子知道怎么选吗？能不能替他们决定？
- 做决定为什么重要？如何培养孩子做决定的能力？
- 家长为什么想让孩子听话？听话到底是不是好事？
- 立规矩一定要严厉吗？如何才能让孩子真正实现自律？
- 要不要让孩子吃苦？为什么要让孩子参与生活？

我来做决定

找到命运小齿轮：

养育，是帮助每个孩子成为独一无二的自己

在素质教育的影响下，为孩子培养一两门专长已经成为众多家庭的“标配”。很多家长这时免不了出现“选择困难症”。每个家庭的情况不同，专家的建议没法拿来就用。问孩子呢，小孩子也免不了“三分钟热度”或者“一问三不知”。

我们该如何遵循着孩子的“天性”，做出明智的决定呢？

课外班到底要不要上

女儿在小时候尝试学过唱歌、舞蹈、弹琴、画画……最终只有画画坚持了下来，并成为她的专业选择。回望这个过程，我有一些体会。

天赋很重要

什么是一个孩子的天赋？简单来说，就是孩子做这件事的时候，比其他事学得更快，进步更容易。

雯雯学习唱歌和画画都比较轻松，进步也快。但是学琴就特别困难。小孩子学习弹琴，不仅需要乐感、听音能力、手指力量……算数能力也很重要。她一看见五线谱上的“小蝌蚪”就晕菜，更不用说再加上手眼协调按准键盘……搞得每次都是手忙脚乱。我也曾考虑过，学琴的确不容易，是不是观察一段？但是后来发现每次练琴，都成为我们亲子关系的“灾难时间”，于是果断放弃了。

喜欢的可以先尝试

舞蹈是雯雯喜欢的，于是就让她先去尝试。每一次跳舞，她也挺开心。但是我去看她上课，总觉得不太对劲儿——她活脱脱把舞蹈跳成了“武术”，原来她的喜欢只是“蹦蹦跳跳”，对运动本身的开心。而且，由于她的骨骼发育属于比较大骨架，身体的比例和柔韧度也不适合跳舞。后来，我们用广场舞代替了去上舞蹈课。雯雯既保持了对“运动”的热情，又免去了每一次上课压腿的痛苦。

不要功利，但要坚持

雯雯学习唱歌，有一些天赋，也很喜欢。学习唱歌的初衷，是因为她小时候有点内向，希望她能去和小朋友一起唱歌，变得自信开朗一点。对于普通家庭来说，学习一项特长并非就是要去选择艺术之路，可以带着“学学看”的心情多学一段时间，再决定是否真的要投入进行专业的学习；也不要仅仅为了升学、加分，这些太功利的目标。这些都会减损孩子学习的热情。

虽不功利，但要坚持。一旦确定了要学习一门特长，就该定一个“学有小成”的小目标。让孩子在艺术的学习中体会坚持带来的回报，同时也能通过成果来评估孩子是不是适合。雯雯在四年级，通过了童声 10 级的声乐考试。也因为唱歌这个小特长，加入了学校的合唱团，参加了很多演出，长了见识，交了朋友。随着高年级学业压力增加，征求孩子意见后，放弃了继续在专业声乐领域学习。即使唱歌没有成为她的专业选择，也已经成为可以陪伴她人生的艺术伙伴。

最终，画画这个特长，在雯雯长期的学习中得以筛选、保留了下来。她喜欢、爱学，也能得到专业老师的肯定。从开始画儿童画，再到线描、素描，从课外班学习再到专业画室学习，通过努力完成了素描、速写的等级考试，最终走上了专业学习美术的道路。

作为父母，我们会在孩子成长过程中帮他们做很多很多的决定。我们也会遇到自己经验和认知的瓶颈，这时我们往往会去求助于更有经验的朋友、专家、想着去学习……可是，我们却忽略了，其实孩子也可以参与到这些决定中来。孩子的天性、孩子的感受、努力后的结果，会给我们指引出正确的方向。

他们才是自己人生最重要的决定者。

工具 31：内心的线索

我们可以从孩子的以下表现中，听到孩子的心声和内在选择：

孩子的情绪线索	喜欢、好奇、开心、兴奋
孩子的语言线索	表达喜欢、爱分享感受、愿意提出问题
孩子的行为线索	注意力能集中、学习更快、愿意反复做、成果更好、愿意亲近老师、能克服困难、愿意挑战更高的难度

情境小练习：发现孩子的天赋

请细心观察你的孩子在学习某一门功课，或者学习某一门专长、投入某个爱好时的表现，记录下相关线索，帮助你评估孩子的潜力。

他在学习________时：

情绪表现：________________________________

语言表现：________________________________

行为表现：________________________________

维护“决定权”：

学会自己做决定，才有成为自己的可能性

小女孩不愿意剪去长头发，哇哇大哭，妈妈可以做主剪掉吗？

孩子想去挑战跳过一个“水坑”，你因为担心踩水脏，应该阻止吗？

孩子们有很多东西，在大人看来毫无用处，可以背着他们扔掉吗？

解决这些问题的背后，都隐藏着一个关键——我们是否剥夺了孩子的决定权？

决定权是一个人自由意志的根基，也是一个人实现自尊、自爱、自信的基础保障。因为决定权，影响着人的三大核心信念的确认——自我价值、自我效能和资格感。

- “自我价值”是看重自己，感觉到自己是重要的、值得被爱的。好的自我价值感，就是“我很好，我值得拥有”的信念。
- “自我效能”是评估是否能够成功地做到某件事的主观判断。好的自我效能感，就是“我行，我能做到”的信念。
- “资格感”是有关我是否可以拥有一项权力、从事某些活动、即使自己不完美依然存在的理所当然，是“我有资格，我配得上”的信念。

如果我们大人“简单粗暴”地解决了问题，剥夺了孩子自己的决定权，就会动摇孩子内在的这些核心信念。小女孩“被迫”剪去长发，就算妈妈的理由很“正确”，也可能给她带来“我不可爱”“我不可以漂亮”的感觉。如果孩子被勒令不许跳过水坑，被告知：“不行！”或者在踩水后，被呼喝着说：“你看看，就你逞能！”也会让他觉得我“做不到”“我真差劲”。同样，如果孩子没有被告知就扔掉了可能他很在乎的东西，他也会产生，“我没有资格拥有”的想法。长此以往，孩子的核心信念会变得消极、自我意识也会被限制。

做决定的权力和能力，关乎孩子自尊、自爱、自信的发展。是孩子最重要的内心力量。孩子做决定的能力，不是天然形成的。小时候，他们无法表达，我们要多观察他们的“心声”，随着孩子长大，我们就要“刻意”去维护和培养他们自我决定的能力。

工具 32：做决定 3C 法

做决定是需要练习的。我们需要根据情境，事情的重要、紧急程度，以及孩子的现状，采用不同的方式去引导。可以通过给出选择、商量方案、划定范围的方法把“决定权”交还给孩子。

Choose 给出选择

选择法是在家长可以控制的安全范围内，给出 2 个或者以上的选择，让孩子通过自己可以胜任的选择，保留自我意见。

Confer 商量方案

商量方案，是要跟孩子说明利弊，让孩子自己参与权衡，并得出自己想要的结果。

Confine 划定范围

划定范围是父母亲给出可以允许的边界和范围，在范围内允许孩子自己做出决定。

情境小练习：让孩子做决定

在本节开头的三个场景中（剪头发、跳水坑、物品收纳），你会采用哪种方式，让孩子自己做决定呢？

场景一：剪头发

参考答案：选择法 Choose

你来选择剪到多长好不好？这么多……还是这么多？

今天不想剪了，那我们换个时间再来，你觉得可以吗？

你想在理发店剪，还是回家妈妈给你剪？

场景二：跳水坑

参考答案：商量法 Confer

这个水坑有点大，跳不过去的话，新鞋子就弄湿了。你有什么办法，又能跳过去，又不把鞋子弄湿吗？

妈妈有个主意，我们先在路边跳，看看你能跳多远，然后你再选一个自己可以跳过去的水坑，你觉得怎么样？

场景三：物品收纳

参考答案：范围法 Confine

给你一个收纳箱，所有你自己喜欢的“小物件”需要放在收纳箱里，放进去的妈妈就不会丢掉。

除了哪几样，因为安全和卫生的原因是不允许保留的，其他的都可以保留。（也可以和孩子一起商量哪些需要及时处理）

孩子，不需要你听话：

“听话”“好孩子”“乖孩子”，都是对孩子的道德绑架

在网络上我看到过用生产线孵化、饲养小鸡的视频，心中五味杂陈。

鸡妈妈生的蛋被收集起来，然后集中运到孵化场，让鸡蛋在恒温的温室内自行孵化。设备会在适当的时候翻转一下装鸡蛋的盘子，以保证鸡蛋在孵化过程中均匀受热，每个孵化场一天就能孵化上万只小鸡。而小鸡从啄破蛋壳的那一刻开始，就进入了新的流水线，首先要经过一道人工检查，不达标的小鸡会被直接“处理掉”，合格的小鸡再从头到尾都被清理一遍。然后它们就被固定在各自的“小格子”里，进

行精细化的饲养。每日吃什么，做什么都是定时由机器操作的。就连长大成熟的时间，也被控制得“刚刚好”。

我常担心自己的孩子也像极了这样“听话”的小鸡，千篇一律地按照科学标准来养育，在教育的生产线上被要求定时定量地长大，还可能会被无情地淘汰……

雯雯初二后，学习压力越来越大，因为她保持了一定要完成作业的习惯，写起来很认真，难度大的也不放弃，每天都要写到很晚。我发现这个曾经让我欣慰的“听话”的好习惯，此时反而成为孩子的“束缚”了。看着孩子每日早出晚归，疲于应对作业，我也很是心疼。我和孩子开始重新一起研究如何不被作业“牵着走”！如何留出属于自己的学习时间。哪些作业是可以选做或者“放点水”的。我对雯雯说，妈妈支持你做出自己的决定，如果在特殊情况下，你因为自己的学习计划完不成作业，妈妈可以去跟老师沟通。我明确地对孩子说，“妈妈不需要你听话！”

父母为什么一定要让孩子听话呢？除了在这种“内卷”下不由自主地“卷”以外，还有很多家长有自己内心的“心结”。比如，过于在乎“外在的标准”、害怕自己控制不了孩子、要维护自己的权威形象……甚至还包括舍不得孩子长大。

我宁愿我的孩子不听话，也不想她被束缚在人生的“生产线”上。

工具 33：三个允许

允许孩子“拒绝”：可以不吃，可以不要，可以不做。

允许孩子“不说”：尊重孩子的隐私和秘密，也理解孩子可能说不出来。

允许孩子“顶嘴”：可以有反对意见，但是要约定，处理掉情绪后要好好商量。

情境小练习：打破允许的心结

做家长真的能够做到允许孩子“拒绝”“说不”，甚至“顶嘴”不容易。因为我们也会有自己的“心结”。我们需要先处理好自己内心的担忧、焦虑、生气……才能更客观、更有耐心地去面对孩子的问题。

努力觉察一下，你的心结是什么呢？

____

____

若要打开这些心结，你可以如何去想，如何去做呢？

接管自己的人生：

从“听话”到“我决定这样去做”，是实现自驱力的宝贵蜕变

有的家长会担心，允许孩子不听话，那管不了了可怎么办？

不需要孩子听话，可不等于“没规矩”。在我们的印象里，一提到立规矩就会想起严肃的脸，想到“管束”和“惩罚”。你知道吗？其实立规矩也有不同的“操作”，不同的立规矩的段位也会养育出完全不同心态的孩子。

基础版：家长立规矩，为了避免惩罚，孩子需要去遵守。

家长单方面立规矩让孩子接受，违背了就挨罚。很多“听话”的孩子就是这样管出来的。当我们简单地把行为和

处罚放在一起，孩子只是因为怕处罚去做，而不是发自内心地去做，就会养成“听话心态”。这样孩子是没有自驱力的，学习也就是给家长学的。以后走上社会，也难免随波逐流，没有挑战权威的勇气，容易迷失自己。

升级版：孩子参与制订规矩，因为理解和认可，所以会主动去遵守这个规矩。

我们并非只是在“管”孩子，而是要让孩子明白，规则对自己也是一种有利的保护和督促。所以，让孩子参与到规矩的制订中来，孩子理解和认可了这个规矩，才去遵守。这样就激发了孩子宝贵的自驱力。养成一个“自我要求”的心态。在制订规矩的过程中，亲子关系是平等的，而非是对立的。正面管教的理念就是在遵循这样的原则：规矩＋关系＝响应；规矩－关系＝抵触。

高能版：和孩子共同审视规则，一起推动变革。

规矩订好了，孩子可以去审视这个规则，挑战这个规则，也可以去修改和推广新的规则。生活中，在孩子的能力范围内，可以由孩子自己主导制订和执行规矩。养成“自动自发”的心态。

拥有“自动自发”的心态，有能力“我决定怎样去做”的孩子，才能接管自己的人生，真正成为自己人生的主人。

工具 34：立规矩 5 正反

为什么你的规矩总是不管用？

可能是因为你：

当初一时兴起，想到哪说到哪，并没有“正式”与孩子约定。

你虽然正式说过，但有时候“一忙”，孩子违约了，你也没去处理。

你对这个规矩也不是很坚定，表现出犹豫不决。

自己也做不到，或者家里有其他人不支持这个规矩。

怎么做才能跟孩子有效地约定呢？

举例：约定这次去超市，不买零食。

正确：确定一个时间，咱们正式说。

出门前，认真对孩子说：待会儿去超市，我们不买零食哦。

反面 1：在生气骂人的时候立规矩，孩子会觉得你只是生气，并不公平。

正确 1：说明为什么要定这个规矩，强化积极的因素，比如为了保护、为了做好。

家里零食已经很多了，吃不完会过期浪费，吃完再买还可以挑自己更喜欢的。

反面 2：强调是为了防范孩子，是因为他“不好”才立规矩。

正确 2：在约定完成之后，要孩子复述一遍，规矩是什么，惩罚是什么。

这样可以吗？你跟妈妈说下，咱们的约定是什么？

反面 3：在约定完成之后，恐吓吓唬孩子。或者出尔反尔。

正确 3：在孩子可能遇到违约的情境的时候，提前提醒，别忘了哦。

进超市之前，嘿！别忘了咱们拉钩的事哈。你可以帮妈妈选蔬菜。

反面 4：坐等孩子出现问题，好给他个惩罚看看。

正确 4：在孩子违反规矩时候，严格执行惩罚，但不破坏关系。

当孩子又想去买零食。

反面 5：不了了之。

正确 5：直接带走。

情境小练习：有效地约定

试试看，用“立规矩 5 正反”，你可以怎么跟孩子约定玩 20 分钟就回家呢?

1. 正式说：____________________

2. 为什么：____________________

3. 要求复述：____________________

4. 提醒：____________________

5. 违反处理：____________________

在生活中磨砺决定：

在这个不确定的时代，让孩子通过“决定”拿回属于自己的确定

孩子做决定能力差，是因为他不够聪明吗？其实往往不是。孩子做不出决定，很多时候是因为生活的参与度不够。

> 三四岁的孩子一起挖沙子，有很多种玩具。每人只能选一样。有的孩子一直犹豫不决。身边其他小朋友很快就都选好了。聪明的妈妈，不是要责备她：“这都不会选！”也不是直接帮孩子选一个了事。而是应该让她找机会把每个玩具都试一试。玩得多了，她自然可以做决定了。
>
> 七八岁的孩子一起在同学家聚会，玩什么游戏更好？我

发现那种孩子王，往往不仅对各种游戏了如指掌，还对哪些游戏适合在房间里玩，哪些游戏对人数有什么要求，非常清楚。他是个做游戏的“社交高手”，自然就显得比其他孩子更能做决定。

十三四岁的孩子，开始想自己买合适的衣服了。能做决定的孩子，也需要经过尝试，选择自己适合的风格，知道爸爸妈妈的“禁忌”，根据自己的家庭经济情况进行取舍。甚至她会跟妈妈一起参与购物的过程，了解质量、“避坑”、退货等一系列问题。有了经验就很容易做出决定了。

孩子的决定，往往来自她的个体体验、社交经历、过往经验。我们要让孩子多参与活动、参与社交，融入生活之中，才能提高做决定的能力。

在重大的事情上，也要根据孩子的承受能力，尽可能地让孩子去经历生活，哪怕吃点“苦”，帮助他完成内心的决定。

我有一个高中生的来访者，她父母都是普通的农民。她成绩很好，父母特别希望她考上理想的大学，改变自己的命运。可是她很迷茫，在网络上也看了很多有关“读书无用”的言论。自己身边有很多同学已经开始辍学赚钱，父母也年迈……高三马上就要迎考，她因为压力过大出现了抑郁的情况，她想放弃高考。我通过与她的沟通发现，她是一个思路非常清晰的孩子，抑郁的情况也不是十分严重，她其实只是陷入了一种对未来的迷茫之中。她的家庭经济情况，并不适合做长期的心理咨询，而且我觉得她的问题其实更需要在现实中去寻找答案。于是我和她的父母说明了这个情况，最后父母和她商量，同意她休学一年，利用假期先去打工试试看。

暑假过去了，她给我发来信息，说："张老师，我暑假去打工了。我发现没有学历能找到的工作很少。我在饭店做服务员，我并不怕辛苦。但身边的同事都是下了班就讨论要不要回老家结婚生子，要么就是打游戏。在这个空间里，我看不到我想要的人生。我已经决定回来读书，争取考上理想的大学。"

这个女孩，通过一个假期的生活体验，为她的人生做出了重大决定。

什么算重大决定呢？在我看来，也未必全是这样的有关未来命运的大事，只要是可能给孩子的心里带来重大感受的事件，可能给她留下心理阴影和强烈心灵触动的事，都算大事。

一个 3 岁的孩子，喜爱的宠物乌龟死了，如何处置是一件大事；一个 7 岁的孩子，在上学时候，是不是要转学也是一件大事；一个 14 岁的初中生，如果当众被同学嘲笑没了面子，就是一件大事……在这些重要的时刻，父母要能够在保证孩子不受到重大伤害和付出巨大代价的前提下，放手让孩子去体验，并陪伴他一起寻找解决的方法。毕竟痛苦、失去、挫败……也是人生。

别让孩子成为生活的旁观者，让他们去接管自己的人生。

工具 35：支持性语言

当孩子们在生活中经历磨砺无法决定的时候，父母可以使用支持性的语言，告诉孩子，慢慢来，我们在陪伴你。

- 需要爸爸妈妈能为你做点什么吗？
- 孩子，你如果决定这样做……爸爸（妈妈）支持你。
- 没有人天生就会，慢慢来，爸爸（妈妈）相信你一定能做到。
- 遇到困难是一件好事，说明你又有机会长大了。
- 你能战胜……了不起！
- 不管发生什么事，爸爸（妈妈）永远爱你。

情境小练习：支持性行为

行胜于言，在支持孩子做决定的过程中，家长的行为也十分重要。

想想看，我们可以用哪些有力的行为支持孩子做出正确的决定。

决定 Tips

关键词：决定

思考题
课外班孩子知道怎么选吗？能不能替他们决定？ 做决定为什么重要？如何培养孩子做决定的能力？ 家长为什么想让孩子听话？听话到底是不是好事？ 立规矩一定要严厉吗？如何才能让孩子真正实现自律？ 要不要让孩子吃苦？为什么要让孩子参与生活？

刻意练习：培养孩子的决定力

在日常生活中，刻意使用做决定 3C 法，来培养孩子做决定的能力。

记录下你遇到的问题，看看在其他章节中是否可以找到答案。

	做决定的事情	你如何说	结果如何
Choose 给出选择			
Confer 商量方案			
Confine 划定范围			

决定工具箱导图

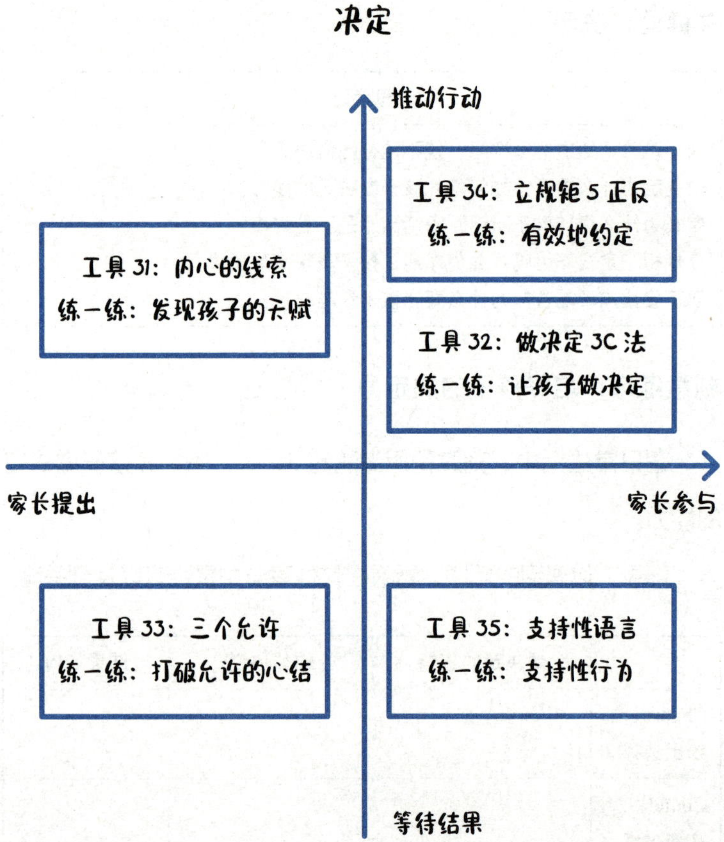
决定
推动行动
工具34：立规矩5正反
练一练：有效地约定
工具31：内心的线索
练一练：发现孩子的天赋
工具32：做决定3C法
练一练：让孩子做决定
家长提出
家长参与
工具33：三个允许
练一练：打破允许的心结
工具35：支持性语言
练一练：支持性行为
等待结果

阳光土壤篇

第7章

交流，
铺展爱的底色

关键词：交流

我和女儿都很喜欢一部电影——《美丽人生》。该片讲述了一对犹太父子在第二次世界大战期间被送进了纳粹集中营。父亲不愿意让儿子幼小的心灵从此蒙上悲惨的阴影，千方百计地跟儿子“解释”说，他们在这里是在玩一场“游戏”，各种集中营的“考验”都是游戏的一部分。遵守游戏规则的人最终能获得一辆真正的坦克回家。父亲忍受了饥饿、恐惧、恶劣的环境，每当夜晚，众人睡下，就跟儿子一起欢乐地总结今天的“游戏表现”，鼓励孩子坚持到底。

战争结束之际，纳粹准备在深夜逃走，进行大屠杀。父亲将儿子藏在一个烟道里，叮嘱他不要出来，说这是游戏的最后一关，想要过关就要坚持一整晚不出声。父亲在那一夜被枪杀了。天亮了，儿子从烟道里爬出来，看到了他的游戏奖品——一辆美国大兵的坦克车轰隆隆地开到他的面前……

我们关于人生的经验，是如何建构起来的？我们关于生命、爱、关系的信念，又是如何根植于内心的？是真正来自我们的出身、境遇、遭遇的事件吗？还是在这个过程中，我们最信赖的人给予我们的“解读”？

在日复一日的，最不经意的语言之处，交流之中，我们又给孩子铺展开来一种怎样的生命底色呢？

思考题

- 为什么孩子自卑、怯懦，容易被欺负？
- 不同年龄的孩子用什么方式交流更好？
- 说话不注意，真的有那么大的伤害吗？
- 高品质的交流要怎么做？
- 孩子为什么不爱跟你聊天？

爱の底色

使用爱的语言：

养一个幸福的孩子，就要在互动中学会使用爱的语言

幸福的人一生被童年治愈，不幸的人一生都在治愈童年。

根植在我们内心深处的童年经历，就好像是封存在“黑匣子”里的生命密码，一直都在潜移默化中影响着我们的思想和行动。儿童时期的感知是清澈而赤裸的，接收到什么，无论是不是理解，能不能记住，都会保留在潜意识里，累积成为我们生命的底色。

这些生命的底色是如何形成的呢？

心理学家观察母亲和婴儿之间的互动，为小婴儿在保证安全的前提下设置了一些恐惧、分离再重聚的观察情境，发现了母婴之间的三大依恋关系。这就是我们内心里有关

“爱”的不同模版，也是我们生命不同的底色。

安全型依恋

具有安全型依恋的婴儿似乎有两种彼此对等的能力，在他们感到安全的时候，能随着自己的冲动去探索周围的环境；在他们感到不安全的时候，又能自然地回到母亲身边寻求安慰。

回避型依恋

即使在陌生情境下，把婴儿放在一个会让人惊慌的环境，具有回避型依恋的婴儿看上去还是会出奇地“漠不关心”。对于母亲的离开或者回来，他们好像都无动于衷，只是不停地探索着周围的环境。他们的这种“冷漠”实质上是一种让自己不会悲伤的回避。

矛盾型依恋

具有矛盾型依恋的婴儿有两种，其中一种婴儿常表现出气愤，他们又要母亲的安慰，又要挣脱母亲的怀抱、大发脾气！另一种婴儿则很被动。好像难过得已无法接近母亲了。他们的内心里一直都在寻找一个缺席的母亲。这两种婴儿都对母亲到底在哪里太过于“纠结”，以至于无法自由探索。

无论是安全型依恋婴儿的灵活性和复原力，还是回避型、矛盾型婴儿对关系和外界的不适应和痛苦，都是与养育者互动的产物。

具有安全型依恋的婴儿一般拥有足够“敏感”的母亲。

能够对婴儿发出的信号和发起的交流进行恰当的反应。例如，母亲发现婴儿哭泣，会很快温柔地抱起他，母亲只在婴儿希望被抱的时候才这么做，而不是把自己的节奏或安排强加给婴儿。她们敏感而非焦虑，接受而非拒绝，合作而非控制，能及时地提供情绪支持。具有安全型依恋的婴儿长大后很有安全感，更容易建立起亲密关系，在人际关系中也更会使用资源。

具有回避型依恋的婴儿和矛盾型依恋的婴儿的母亲，对婴儿发出的信号是不敏感的，会拒绝婴儿想要连接的请求，抑制情绪的表达，在实际身体接触时会有些粗鲁、唐突，对婴儿的回应是混乱的、前后不一致的，给婴儿的情绪反应也是不可预测的，所以这些矛盾型依恋的婴儿只好采取混乱的、矛盾的方式，表达自己的依恋需求，持续地给母亲施加压力，这样才能使自己得到照顾。这些婴儿长大后，往往会遇到亲密关系的各种问题，容易自卑、怯懦。在关系里也特别容易被欺负、没有安全感。

正是这些“不经意”的交流方式，潜移默化之间塑造了孩子生命的不同底色。

工具 36：爱的交流密码

著名的“55387 定律”告诉我们，人际沟通效果的 55% 由说话人的形象、肢体语言、面部神情等“看得见”的因素决定，38% 是由讲话语气、语调、口吻等“听得见”的因素决定；只有 7% 的决定因素来自我们讲话的内容，这是需要“想得清楚”的部分。那么，“看得见”的和“听得见”的互动方式在语言尚未发育的儿童交流中，就更为重要。

爱的语言	伤害的语言
温柔的呼吸、稳定的心跳 充满爱意的目光、放松的表情 温暖的拥抱、抚摸 敏感而及时的回应 耐心的口吻、徐缓的表达 沉默、在场	焦虑、抑郁的状态 痛苦、严肃、担忧的表情 回避身体接触、粗暴的肢体接触 前后不一致的、时好时坏的回应 粗暴、强势的谈话 忽略、暴力

情境小练习：松弛感测试

你有没有发现，只有当你有“松弛感”的时候，就会自然而然地流淌出爱的语言。而你充满松弛感时，通常会表现为：

身体是柔软而放松的，哪怕有点小疲惫；

心情平静，情绪平稳，内在是有力量的；

思维方式开放、积极、中庸，并不执着于某个想法；

并不急着采取行动，但是具有行动力的，能够随时开始；

有选择和做出决定的能力，不纠结，不内耗；

享受关系，又不依赖关系，即使独处，也有安全感……

交流不光是说话：

父母是温暖的“大白”、投入的玩伴、智慧的老人、表演艺术家

很多跟孩子沟通的方法，比如，表扬、批评、询问、支持鼓励、引导习惯、立规矩……不同的家长用起来效果却大不一样。

这是怎么回事呢？

我总会提醒大家：“注意，你的孩子现在几岁！”不同年龄的孩子，语言的发育，情感和认知的理解能力都大不一样，我们交流的方式，自然也会非常不同。

小童要重情绪交流

孩子在 3 岁之前，语言能力普遍没有得到充分的发育，

他们在互动中对词语、规则、道理的理解都是有限的。更多的，他们是在依靠情绪和身体的直觉去感受外界的互动。无论表扬、批评，还是询问，更多的都是依靠我们的表情、语气语调、肢体动作在传递“意义”。所以，夸奖的时候你竖起大拇指配合上扬的眉毛会更有效，批评时，你严肃但没有恶意的表情，收敛的肢体动作会让他更能体会“压力”。一个松弛的、不焦虑的母亲，就是孩子的避风港。

幼儿最爱游戏玩耍

几乎所有的动物幼崽都有玩耍的行为，因为游戏能培养出灵活的反应能力，以适应多变不可预知的环境，学习彼此协作。科学家做过一个实验，把一部分幼鼠单独饲养一段时间，再让它们和另外的经常玩耍的幼鼠一起做测试。这些缺乏玩耍的幼鼠，在理解食物机关，鼓捣开关取出食物的变通能力上，都要差很多。孩子的众多能力都是在游戏中学会的，从小到大，他参与游戏、控制游戏的能力也会不断进步。游戏本身就是一种非常重要的交流方式。

学龄前最喜欢讲故事

心理学家皮亚杰在研究儿童思维的过程中发现，儿童在心理发展的某些阶段存在着泛灵论的特征。就是把无生命的物体看作是有生命、有意向的东西来对待。尤其4～6岁的儿童把一切事物都看成和人一样是有生命、有意识、活的东西，常把玩具当作活的伙伴，与它们游戏、交谈。所以，从白雪公主到圣诞老人，故事中的一切孩子都以为是“真的”。讲故事，是与学龄前孩子特别重要的交流方式，他们通过故事理解“生活”，明白道理，还会提出很多千奇百怪的“问题”让父母来解答。

“小大人”特需要正式谈话

孩子在上学以后，就特别希望父母把他当作大人来对待了。我们不再叫他“宝贝”，唤他乳名，跟他们沟通的时候，即使是简单的事情，也要郑重其事地像对待大人一样跟他交流。当他来说一件哪怕你认为不太重要的小事的时候，你也要认真对待、“郑重其事”地沟通。

青春期要学会“闭嘴”

孩子进入了青春期，已经不太想跟大人交流了，还会偷偷在朋友圈屏蔽父母。这时候如果你们还能像朋友一样聊聊天，已经很棒了。但如果我们的孩子从小被培养起了阅读的习惯，这时候，我们便可以通过书籍和孩子建立起依旧“深入”的交流空间。我们和孩子一起谈论书籍，谈论作者，把更多可以引导、启发孩子生命的人，介绍到孩子的生命中来，陪伴孩子前行。

工具 37：亲子交流方式

交流的方式	最重要的年龄区间
情绪的交流	1～3 岁，婴幼儿
游戏的交流	2～10 岁，幼儿及学龄儿童
故事的交流	3～7 岁，学龄前儿童
正式的谈话	5～15 岁，学龄儿童
持续的阅读	终身

情境小练习：模仿职业沟通

与特定年龄的孩子打交道的特殊职业的从业人员，通常掌握了非常多的沟通技巧，我们可以留意观察，刻意模仿，促进亲子沟通。

儿科护士怎么说：____________________

幼儿园的老师怎么说：____________________

课外机构的教员怎么说：____________________

儿童节目的主持人怎么说：____________________

修改“痛苦”模板：

不恰当的交流方式传递的伤害，会成为孩子一生背负的“情感负债”

很多家长不太理解，我明明是爱孩子的啊，只不过是有些时候“说话不太注意”罢了，真的就会伤害孩子吗？

在我们中国的家庭里，经常会有这样一些被我们习以为常，却会给孩子带来很多隐蔽影响的交流方式。

“唠叨”种下内疚模板

唠叨在我们的家庭很常见：今天又做了多少家务，怎么一件件地手洗了衣服、袜子，辛苦做好了饭又不吃……照顾孩子着实辛苦，心里也有委屈。不照顾又“心疼”孩子，怕别人说自己不称职。唠叨的背后，是有很多情感想要表达的。“唠叨”的交流给孩子带来的感觉是“这都是我的错”“生活很苦”，特别容易给孩子制造一个“内疚模板”。

“指责”“比较”种下自卑模板

当我们需要矫正一些行为，向孩子提出要求的时候，特别容易上纲上线，变成指责。好像说得越使劲，越严重，效果才会越好。

“别人家的孩子”，又是很多父母表达期待的另一个误区。很多人习惯了用比较的方式来表达“期待”。我们本来希望孩子能够变得更好，可是这样在无形中反而让我们的孩子变得更不自信了。

“担忧”种下危险模板

“儿行千里母担忧”，表达的是父母对孩子永远的挂念。但是把担忧挂在嘴边，却只能给孩子传递无休止的“焦虑”。要想能真正支持孩子，就要处理好自己的担忧，做点什么。否则就只会给孩子制造一个生活危机重重的危险模板。

“溺爱”种下自私模板

很多家长对孩子的付出非常多，可是孩子却不领情，甚至有时候还很愤怒。这是因为，在付出里，实在有太多对孩子的控制和期待。一个“包办”孩子生活的母亲，就好像"偷走"了孩子自己的人生。还有的父母非常溺爱孩子，藏着一种补偿的心理。这些包办和溺爱只会让孩子变得更自私。

千里之堤溃于蚁穴，错误的交流方式是关系最隐蔽的"杀手"。换掉痛苦的模板，才能把爱传递下去。

工具 38：积极表达模板

负面的沟通方式，往往和我们不太善于"直接"地表达情感有关。家长们对自己压抑的痛苦、委屈、焦虑、期待缺乏觉察，更缺乏直接的、积极的表达技巧。

表达愤怒，你可以说：

我不喜欢……

发生了什么，我很生气。

这件事是让我非常恼火的事。

表达悲伤，你可以说：

这一件事，让我感到很失望。

因为什么，我很难过，我为什么有这样的感受……

你说的哪一句话，让我感到很受伤，因为……

表达焦虑，你可以说：

我很担心……

我有些焦虑，我需要你帮我做点什么，能让我感觉好一点……

我不希望发生什么……因为……

表达懊悔，你可以说：

这件事让我很尴尬，因为……

我很抱歉，我没有考虑到……

我原本无意，没想到……很抱歉。

表达爱，你可以说：

我会支持你！

我想我能理解。

我很感谢你为我做了……

我爱你！

情境小练习：家庭观察

在孩子的养育环境里，不仅有父母，还会有隔代的祖父母、外祖父母，甚至保姆……每个人的沟通方式都会给孩子带来影响。你可以留意观察下每一位家庭成员与孩子的沟通方式，也可以把这一章的内容与大家交流或者推荐给其他人阅读。

为爱停留“2 分钟”：

被看见、被接纳是每个孩子的愿望

在课堂上，我设计了一个“2 分钟复读机”练习。想看看在 2 分钟里，大家能不能“全心全意”地去交流。我要求学员背对背地坐在一起（面对面特别容易笑场），一方需要完整地重复对方所说的话，用这样的练习来“强迫”练习者把注意力完全集中在说话人的身上。

练习结束时，大家的普遍感受是，怎么“2 分钟”会这么长？集中精力去听别人说话，太难了！相反，在这个练习中的表达者普遍反映，被人“全心全意”关注的感受实在是不错。如果，生活和工作中能有人这样听我讲话，就好了。

这时候我会问，在家里，我们给孩子，经常会有这样“2 分钟”的全心全意倾听的时间吗？

教室里突然出现沉默。

一个全心全意的“2 分钟”，竟然有着如此神奇的功效，然而我们却很少为最爱的孩子停留——“2 分钟”。

其实，高品质的深度交流并不会占用太多的时间，难的是要做到“全心全意”。心理咨询是一项对交流深度和品质都要求很高的工作，如果我们也想给孩子一个高品质的交流，可以学习咨询师那样“做镜子”“做容器”。

给孩子做镜子，让孩子被看见。

“我考得不错！”

一个孩子经过自己的努力，取得了一个还不错的考试成绩。他迫不及待地把成绩拿给父母看，这时候，你会如何反应呢？

A. 不要骄傲，要再接再厉！

B. 怎么有一道基础题目做错了，这不应该。

C. 这么简单的题目，我觉得你本来是可以考进前五名都没问题的。

D. 看到你这么开心，我也替你感到开心，来，说说你怎么做到的啊？

父母在交流中对孩子的“反馈”是一次非常重要的“镜映”过程。也就是要给孩子当镜子，让他知道自己当下真实的状态、感受。让孩子对自己的感觉产生确定感，作为一种“自我认同”保留下来。这就是在交流中要给孩子“做镜子”。

要实现这个“镜映”，就要能真正地“看见孩子”。

第一个家长（A）讲了一个道理。虽然没错，但让孩子产生了模糊的感觉：到底我行不行，到底这次做得怎么样？我到底该不该高兴？

第二个家长（B）太早地就事论事，给孩子的情绪泼了冷水，也会让孩子产生自我怀疑。

第三个家长（C）有太多自己的想法和标准，“简单”“进前五名”。在他的回应里，孩子只是听到标准，根本看不到真实的自己。

而最后一个家长（D），是一面清澈的镜子。他让孩子看见了自己的开心，增加了自我确定，如果之后再加上询问，你是怎么做到的？就会继续让孩子看见自己努力的过程和取得结果的关系。先做“镜映”，之后我们再去探讨不该出错的题目、下一次考试的目标，才会事半功倍。

给孩子做容器，让孩子被接纳

“我考得不好！”

一个孩子考试考砸了，很是沮丧，他别别扭扭地拿出卷子跟你说明情况，这时候，你会如何反应呢？

A. 考不好没事，先吃点东西吧！

B. 怎么回事，我就说你总是不认真吧，你看看怎么样！

C. 我看你最近状态就是有问题，手机是不是又玩多了？

D. 考得不好，我看你挺难过的。妈妈能理解，你先休息下，咱们过会儿一起分析分析。

当孩子处于低落、困难、挫折之中的时候，他会有很多负面的情绪。这时候我们不仅要做镜子，告诉他我们看见了他的“难过”，更重要的是，要让他知道这些难过是被“允许”的。

我们要跳过自己想解决问题的冲动，先去“接纳”孩子。

第一个家长（A）转移了注意力，也想宽慰孩子。但这并非最好的选择。

第二个家长（B）急于指责孩子，还翻起了“旧账”，这么做无疑让孩子糟糕的心情“雪上加霜”。

第三个家长（C）从考试讲到了手机，问题越来越多，非常容易造成关系的紧张。

最后一位家长（D），做了一个“容器”。她接纳了孩子的难过、挫败，也控制和消化了自己的焦虑、着急。孩子在此时，被无条件地接纳了。这才是解决问题的前提。

工具 39：低品质回应方式

太过理性的方式：讲大道理、就事论事、纠正认知、提出标准

缺乏包容的方式：转移注意、假装宽慰、指责抱怨、推及其他

情境小练习：学习做“镜子”，做“容器”

认真研究一下本小节的两个案例，完成下面的练习：

- 做“镜子”

你的理解是：____________________

你认为要点在于：________________

你打算怎么做：________________

做“容器”

你的理解是：________________

你认为要点在于：________________

你打算怎么做：________________

多聊八卦少聊学习：

如果孩子还愿意和你聊天，亲子关系就在线

雯雯上小学的时候，我每天都会接送她。我有一个观察，孩子上学时，一般家长在告别时的嘱咐都是：“好好听课！认真学习！”而当接到孩子的第一个瞬间，一般又都会问问：“今天学什么了？作业多不多？”我曾经把这个观察讲给很多家长，大家都很有共鸣，大家笑着说，还真是这样！

可是如果换作我们是孩子，听到这些话的感觉又是什么呢？一天到晚，从离开家到再回家，父母的嘴里说的都是学习、学习、学习！孩子不厌学才怪。

所以我总是刻意地提醒自己，在跟孩子交流的过程中，一定

要多聊“八卦”，少聊学习。

什么是有关学校的“八卦”：

今天下课玩了什么，和朋友之间处得怎么样？

老师有趣吗？还是今天又发脾气了？

食堂的饭菜好不好，有你喜欢的鸡腿吗？

学校有什么新鲜事吗？我早上看见是校长在门口执勤……

孩子上学的意义不仅仅是学习，校园就是他的“社会生活”，他在学校理解社会、学习社交、体会成长……这一切都远远比学习成绩更加重要。

学习当然也要聊。找到正式的时间，进行一次正式的谈话，把学习遇到的问题聊透，这样的效果比把对学习的提醒时刻挂在嘴边，要好得多。

工具 40：10 点把学习聊透

1. 孩子，你现在最大的困难是什么？（问问过程）
2. 嗯嗯。明白、能理解。（给予接纳）

3. 你觉得问题可能出在哪里了呢？（问问原因）
4. 那你觉得怎么解决比较好呢？从哪里做起比较好呢？目前能想到的办法是什么呢？（聊聊方法）
5. 你为什么会想到这么做呢？你是怎么打算的呢？（问问计划）
6. 这么做有啥好处？这个方法试过吗？做了以后会好一些吗？（问问作用）
7. 那我们接下来要不要订一个计划？需要妈妈提供什么帮助吗？（落实执行）
8. 孩子，你这一段时间都在坚持做，妈妈看在眼里！（表扬过程）
9. 你最近真是不容易，相当努力！（肯定态度）
10. 一定坚持，成功了咱们庆祝一下！（许诺奖励）

情境小练习：每日关键一句

想想看，每天在校门口跟孩子告别，除了学习还可以说点什么？

____

设计一下，孩子回家第一句，说点什么？

____

交流 Tips

关键词：交流

思考题
为什么孩子自卑、怯懦，容易被欺负？ 不同年龄的孩子用什么方式交流更好？ 说话不注意，真的有那么大的伤害吗？ 高品质的交流要怎么做？ 孩子为什么不爱跟你聊天？

刻意练习：在谈话中使用爱的语言

准备与孩子进行一次高品质的谈话。注意，根据孩子的年龄选择最适合的亲子交流方式，使用“爱的语言”以及积极的表达模板。

谈话的要点	你如何说	结果如何

交流工具箱导图

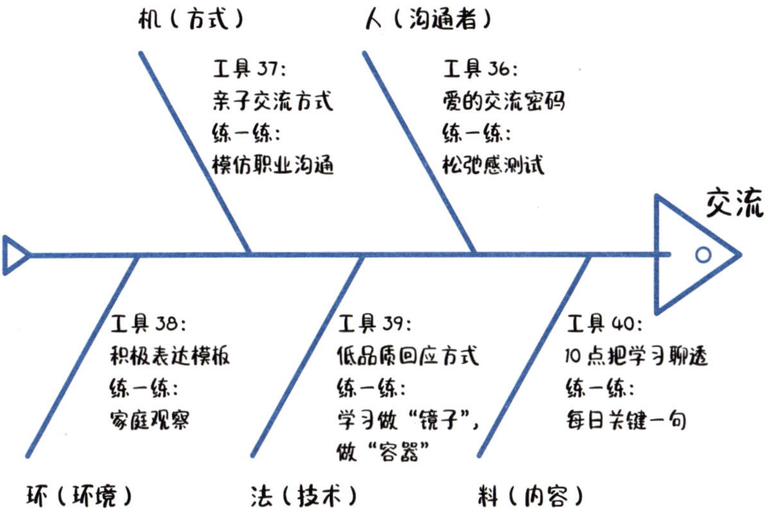
机（方式）
工具 37：
亲子交流方式
练一练：
模仿职业沟通
人（沟通者）
工具 36：
爱的交流密码
练一练：
松弛感测试
交流
工具 38：
积极表达模板
练一练：
家庭观察
工具 39：
低品质回应方式
练一练：
学习做“镜子”，
做“容器”
工具 40：
10 点把学习聊透
练一练：
每日关键一句
环（环境）
法（技术）
料（内容）

第 8 章

冲突，在关系里修行

关键词：冲突

人民日报发布的《2022国民抑郁症蓝皮书》数据显示，中国患抑郁症人数超过9500万。30%是18岁以下青少年，50%是在校学生。《2019—2020年中国国民心理健康报告显示》青少年抑郁检出率高达24.6%。在临床观察中，我们发现出现学业问题、厌学、网络成瘾的孩子越来越多，问题发生得越来越早。

在我的经历里，10年前，抑郁还只是在心理咨询机构讨论的话题，但这几年，有严重情绪问题的孩子越来越多地出现在我的身边——我朋友的孩子、我女儿班级的同学、几乎每一次上课都会有来求助的学员……孩子们的问题层出不穷，亲子冲突让我们措手不及。很多家长，特别是妈妈们，开始不断学习，唯恐自己不“合格”。可这真的是家长出了问题吗？

如果 100 个孩子里有 1 个孩子出了问题，很可能是这个孩子发育的问题。如果有 5 个孩子出了问题，可能是这几个家庭的养育方式出了问题。当有 20 多个孩子都出了问题，意味着我们所处的环境，已经“不堪重负”。

我们在经历一个前所未有的焦虑时代，亲子冲突是家庭这口高压锅的“泄气阀”，孩子是系统里最脆弱的“无辜者”。

思考题：

- 存在完美的童年吗？养育的关注点应该在哪里？
- 为什么随着孩子的成长，会唤起父母自己曾在其小时候经历的问题？
- 父母亲吵架后，该如何降低对孩子的情感伤害？
- 为什么情绪控制不住？父母有情绪而骂了孩子后该如何挽回？
- 更年期的父母和青春期的孩子该如何好好说话？

与自己和解

家庭“小船”乘风破浪：

不必追求“完美”的童年，养育没有标准答案

我们的家庭在经历前所未有的挑战。

家庭的规模越来越“小”，养儿防老被颠覆

《2015 年全国 1% 人口抽样调查主要数据公报》显示，中国平均每个家庭户的人口为 3.1 人。而 20 世纪 50 年代之前，这个数字一直是 5.3 人水平之上。丁克、单亲、单身、空巢等微型家庭越来越成为常态。据统计 2021 年，独居和空巢老人将超过 1.3 亿。传统的养儿防老的模式都将发生颠覆式变化……

婚姻，不再是现代人的标配

民政部发布的数据显示，2018 年我国成年单身人口就已达到 2.4 亿人，其中 7700 万人处于独居状态。独居需要财富基础、社会保障和文化宽容。这些条件在当下的社会都变得更加容易实现。在中国《2020“后浪”婚恋观报告》显示，54% 的人认为和伴侣分开住、分开睡不会影响感情。“恋爱不同居，结婚不同床”的“LAT 方式”在国内也流行起来。

养育的代价与日俱增

年轻人对养育采取了谨慎的态度。传统的家庭观念里“传宗接代”的观念受到巨大挑战，年轻人更倾向于先完成学习、就业、自我发展，再考虑生育问题。巨大的养育、教育的投入也让很多人“望而生畏”。生儿育女不再是首要的人生任务，而成为个人深思熟虑之后才能做出的选择。

时代变迁，我们的家庭观、婚姻观、生育观，都在面临前所未有的挑战，价值观的冲突、女性主义的兴起，以及对未来的不确定感的迷茫……这些都让养育问题变得前所未有地复杂化了。家庭这艘“小船”遭遇着各种风浪颠簸，孩子的问题也自然多了起来。

所以，千万不要给自己扣一个“不合格”的帽子，更不要急于去找什么“灵丹妙药”，养育没有“标准答案”，也不要盲从所谓的“科学”养育方法。我们要勇敢地驾起家庭的“小船”，和孩子一起去乘风破浪，为孩子塑造起可以抵御风浪的健康人格。

工具 41：健康人格对照表

拥有健康人格的孩子的表现	人格缺陷孩子的表现
• 他们内在有安全感，容易找到自己精神的归宿 • 他们相信自己的价值，对生活充满信心 • 他们积极乐观，很容易信任他人 • 即使普通，他们也会坚信自己的价值 • 他们可以和其他人设置合理的界限，既享受交往，也不害怕独处 • 他们比较容易调节自己的情绪 • 他们珍惜自己，愿意为实现自己的价值而努力	• 每次和父母谈话时都会遭遇心灰意冷或者暴躁易怒 • 他们难以相信自己和身边的人 • 经常会有焦虑、抑郁、羞耻感、内疚感和罪恶感等复杂的情绪 • 难以和他人之间设置合理的界限 • 他们对自己有很多负面的评价，不认为自己值得拥有 • 他们对情绪调节有困难，经常会情绪失控 • 他们会自我伤害或在人际关系中去做出损害自己利益的行为

情境小练习：心力提升计划

对照健康人格的相关表现，评估一下自己孩子的“心力”状态，找到改善的方向。

我的孩子在哪些方面表现很好：________________

我的孩子在哪些方面需要改善：________________

孩子的表现和家长的沟通方式有关吗？________________

家长可以在哪些方面改进？________________

养育是一场和解：

在关系中留下的伤痕，会在关系中被疗愈

原生家庭的讨论曾经一度特别热烈，因为几乎每个人终其一生，都在寻觅童年所渴望的或缺失的东西。这些在原生家庭里的遗憾或者伤痛，都会在我们养育孩子的过程中，全部被重新激活。

伤痛的激活，是为了和解而来。

与父母和解

雯雯三四岁的时候，有一次深夜发烧，我独自一人在家带她，慌乱得不知所措。眼看各种物理降温无效，我决定出门去 24 小时药店买退烧药，又十分担心女儿会害怕。我一

边安慰女儿说妈妈马上就会回来，一边在凌晨冲出家门。从家里到药店往返的那一段路，我都不知道跑得有多快，只记得回到家双腿都软得站不起来。一夜未眠，我想起了小时候，我的母亲总是提起，当年父亲在部队，她一个人带我深夜去医院的种种。以前我总不解她的“抱怨”，那一刻我想我理解了她孤立无援的慌张。

与遗憾和解

小时候，我曾放弃了学琴，因为钢琴在那时候对普通家庭来说还算是个“奢侈品”。当雯雯开始学琴的时候，姥姥第一时间就给她买了一架琴，我更是激动地跃跃欲试，小时候练过的曲子竟然也都还能“上手”。直到雯雯每次练琴都折磨得我们娘俩痛苦不堪，我才发现，那些强加在孩子身上的“遗憾”真是害人不浅。于是，我弹琴，雯雯唱歌，母慈子孝又回来了。

与局限和解

我上学的时候，理工科不太好，雯雯偏偏也是这样。我想了很多办法，买辅导材料、补课、请一对一的老师……无奈女儿还是对我说，这个物理教材好像是一门外语。当我从那个“不甘心”里回过神来，想起自己当初也是磕磕绊绊地才熬到了文理科分班。孩子的弱点，很多时候也是我们做父母的局限，我们真的能接受吗？

与另一个生命和解

上学的时候，我是比较专心学习的孩子，也是老师眼中的“好学生”。没想到雯雯却不是这样，她不仅上课不爱积极举手、下课还特爱“搞社交”。从小就给小朋友发贴画、上学了就带漫画书租给同学看、到了初中成了小伙伴中的“雯姐”……这个“画风”和我相差甚远，说实话我是又担心又不适应，直到我也学会了叫她“雯姐”，我们终于可以愉快地相处了。

我们终归是要与自己的命运和解，把自己从“过去”的命运里“解放”出来。在养育中，我们会重新经历痛苦的回忆、反复咀嚼爱恨交织的恩怨情仇，同样，也会发现自己的未知，拓展自己的局限，这何尝不是一场深度的修行。

养育，是我们与自己心灵的和解之旅。

工具42：觉察原生家庭影响

不断觉察过去原生家庭的互动方式给我们当下的亲子关

系带来的影响，是养育中一项很重要的功课。我们可以从以下 5 个方面开始。

父母给予爱的方式	你的父母是忙里忙外地为你服务、洗衣做饭、收拾房间，还是经常询问你的成绩和生活，给你鼓励，又或是无休止地担忧，过度侵犯你的界限，让你按照他们说的去做呢？这些会在你的亲子关系里出现吗？
行为方式的模仿	你的哪些行为方式有着和父母一样的痕迹？比如，你对孩子说话的样子，常使用的句子；你和你的伴侣相处的方式，有哪些和父母之间相处方式的类似之处；你可以在生活中一一标记出来。
表达期待的方式	表达期待是亲子沟通和亲密关系中的重要任务。只有有效地表达才能加深理解，促进关系，否则就会破坏关系。当你的父母有期待、有需要的时候，他们会如何表达呢？当他们对彼此不满意的时候，又是如何处理的呢？你的处理方式和他们的像吗？
压力状态下的应对方式	当你的父母面对压力，他们是如何处理的？是会变得坚韧不拔、彼此支持，还是相互甩锅、彼此抱怨？是喜欢默默一个人承受，还是喜欢向别人倾诉？那么你自己，又和他们有相似之处吗？
人生态度的影响	父母的哪些人生态度，在潜移默化地影响着你？你有哪些内心的声音和父母是非常重叠的呢？他们对于养育的观念也在影响你吗？

情境小练习：修炼清单

细细盘点在过往家庭关系里，不恰当的沟通方式，把它们记录下来。如果这个方式也在影响当下的亲子关系，下定决心改变它。

不恰当的沟通方式：1. ____________

2. ____________

3. ____________

4. ____________

今后我要如何做：1. ____________

2. ____________

3. ____________

4. ____________

避免孩子卷入战争：

孩子对父母的忠诚是盲目的，他们很容易成为父母战争的牺牲品

我们在心理咨询中发现，很多青少年来访者，都生活在一个父母亲经常吵架的家庭环境里。吵架这件事，如果不能妥善处理，的确会给孩子的心灵带来了伤害。

> 随着大脑科学的研究发展，科学家们发现：在我们出生的头几年，大量无意识的记忆会保存在大脑的“杏仁核”里。这些记忆被称为内隐记忆。这些记忆不能主动回忆，很难具体化，是非言语的记忆。这是早年体验在我们的躯体和情绪上，产生的一个泛化的、未经整合的整体影响。例如，

一个人童年早期父母经常激烈地争吵，那种紧张的氛围和传递的焦虑感觉、身体反应，会让他形成深刻的烙印。让这个人对任何可能会引起类似情况的情境都如履薄冰。内隐记忆中的不安、恐惧总是会在一些时候无法抑制地“释放”出来。比如，遭遇冲突就会莫名地感觉到慌张，进入亲密关系后，总是“莫名其妙”地情绪失控，不断地因为一些小事诱发与伴侣的争吵。这些都是内隐记忆在发生作用。因为在他的心灵深处，总是有挥之不去的争吵声。

父母亲由于各自原生家庭带来的模式、现实中的情感问题，以及育儿中的观念冲突，都难免发生争吵。孩子们特别容易被卷入父母之间的战争。

孩子们出于对父母的爱和忠诚，总希望自己能做点什么。

成为调解者，我要出手。

成为回避者，我要躲起来。

成为照顾者，我来安慰父母。

成为替代者，替代不在的一方行使“伴侣”的功能。

成为攻击者，替一方攻击另一方。

成为替罪羊，把罪责归于孩子。

成为承接者，成为负面情绪的出口，接盘者……

这些无意识的卷入，不仅不能解决父母亲的问题，还会让家庭关系变得更加复杂，同时，也给孩子的心理造成巨大的压力和伤害。

工具 43：吵架后弥补

成熟的父母会尽量不当着孩子的面吵架。一旦发生，要能够尽可能地消除对孩子的影响。

我们可以这样沟通。

- 这不是你的错：用孩子可以理解的方式，告诉孩子争吵的原因，强调这是爸爸妈妈的分歧，不是你的错，更不是不爱你。
- 出现矛盾是正常的：我们对重要的事的想法不一样，并不是不爱彼此。
- 我们正在解决问题：我们没有控制好情绪，应该用更好的方式来交流与解决问题。
- 理解你害怕的心情：恢复孩子的安全感，给他一个拥抱或者用其他方式平复情绪。

- 当着孩子的面和好：吵架已经过去了，让孩子看到“和好”的过程和状态。

提醒！如果反复吵架，即使这样表达也会渐渐失效了。

情境小练习：准备一个道歉

如果看到这里，你特别想对孩子表达歉意，请认真准备一下，并挑选一个合适的时机，与孩子做一次沟通。你也可以把自己想说的话写在纸上，用书信或便签的方式正式地与孩子交流。

____

____

____

要解决问题先维护关系：

为什么容易对孩子发火？因为即使受伤，他们也不会轻易离开

在团体治疗小组中，我让每一位学员都拿了一张 A4 白纸。邀请大家在心里想自己最重要的一个关系人，可能是父母，也可能是爱人、孩子、朋友、领导。然后，回忆自己曾经和他发生过的各种冲突。每回忆起来一次，就把纸做一次折叠。最后，如果折起来费劲了，再想起来，就可以使劲揉一揉。5 分钟过后，我请大家把这张纸打开。如果这一张白纸，代表着你们之间的关系。那么现在，反复“折叠”之后，你们之间的关系变成了什么样子？很多人都沉默了，无

论我们多么努力地想抚平这一张已经揉皱了的白纸，都会发现，那些压痕，再也无法消失。

反复发作的情绪带来的内心“折痕”，特别伤害关系，但我们又总是控制不住，这是为什么呢？

每个人都会有处理内在情绪和冲突的不同方式，这在心理学上被称为防御机制。你可以简单地把防御机制理解为：人对痛苦感受的一种下意识的处理方式。防御机制是为了处理解决不了的内心冲突，其目标是把不能接受的不舒适感处理掉。

成熟的心理防御机制，倾向于面对问题、解决问题，把内心的痛苦转化为现实的解决方案，同时能够使用负责、幽默、利他和升华等方式来面对人生。而不成熟的心理防御机制，往往倾向于想要立刻去掉痛苦感受、把责任归咎于外、非黑即白，甚至通过对现实的幻想和扭曲来逃避困境。

网上流传着一句话说：不做作业母慈子孝，一做作业，鸡飞狗跳。我们为什么在辅导作业这件事情上有如此大的情绪反应呢？其实这就是家长们在压力下启动了防御机制。

把内心的“炸药”扔出去

最原始的防御机制就是把自己内心处理不了、承受不了的“坏”感受，这些糟糕的感觉，都“扔”出去，丢到另一个人头上，认为是他的问题。内心不够成熟的家长会把自己的工作压力、挫败感、对自己人生的失望在压力下通通扔给孩子。“作业”就成了替罪羊。

非黑即白、全盘否定

人在遭遇压力的情况下，特别容易启动比较原始的防御机制，也就是特别本能的、低级的反应状态，比如，分裂、否定、贬低。这就好像一个在气头上的人，难免非黑即白、非对即错。本来是辅导作业，几个回合下来，就变成了上纲上线，“你说，你到底错了没有！”

不切实际地理想化

人的内心世界越脆弱、越自卑、越是充满恐惧、无力，越容易表现出对现实世界的理想化倾向，在精神世界里虚幻出一种对现实的控制感。这种理想化的倾向特别容易表现在对孩子的过高期待上。为了商业利益，有些教育机构也在刻意塑造这种“理想化”——让家长们觉得每个孩子都可以去冲刺清华、北大，仿佛实现这些华丽的梦想轻而易举、志在必得。当“理想化”遭遇“鸡兔同笼”，难免就会破碎，因而恼羞成怒。

这些不成熟的情绪处理方式不仅不能解决问题，还会破坏亲子关系。我们需要在“情绪爆发”的第一时间里有效处理。

记得，先维护关系，再去解决问题。

工具 44：情绪处理 3 原则

- 标记“冲动”信号

表达信号：比如，我说话的速度加快就是要急了。

情绪信号：比如，我一看到孩子慢就特别容易不耐烦。

生理信号：比如，我一跟这个人对话就心跳加速，手心冒汗。

- 不要去想为什么：坏情绪 + 爱思考 = 更糟糕

在情绪爆发的时候，有些人爱想“为什么”。“这是为什么呢？”“他为什么会这样对我呢？”结果发现越想越生气。要想顺利地打破自己的情绪状态，最重要的就是不要使用“思考”的理性机制，而是要依靠“生理”机制。

使用生理打破法

情绪是一种能量，我们通过身体将其疏导出去，是十分快速、见效的方法。例如，深呼吸，散一圈步，喝一杯水，搓一搓手，这些都可以达到“打破状态”的效果。对话中，我们可以暂停一下，彼此都出去透透气，或者换一个轻松的话题。打破这个激发情绪的情境，注意力转移后，情绪很快也就褪去了。

工具 45：调停者谈话公式

平息怒火还是火上浇油？

如果是一位家长和孩子发生了情绪的冲突，另一位家长该如何去做呢？

火上浇油的谈话

你哭什么，你妈说得对，不听话，换我我也骂。

行了，不哭了，你爸确实过分，下次注意点就行了。

你就知道骂孩子，你能不能控制下情绪！

平息怒火的谈话

对伴侣说：统一立场 + 安抚情绪 + 做出行动

孩子确实不对，你消消气，我去跟他聊聊。

对孩子说：复述事情 + 感同身受 + 认同妈妈

今天你说谎，妈妈很生气，骂了你，可能你有一些原因，如果有，你一定告诉我们，妈妈其实是希望你做一个诚实的人，等下你情绪好了，咱们一起去找妈妈。

情境小练习：家庭约定

和家人们一起回顾下，最容易爆发情绪冲突的情况是什么？我们该如何避免矛盾升级，尽快平复情绪。然后再去解决问题。

容易爆发情绪的情境是：________________

我们如何“打断”：________________

每个人最容易平复情绪的方式是：________________

事后我们如何重启对话：________________

青春期点燃中年危机：

如果所有的谈话技巧都用不上了，还有一招撒手锏“闭嘴”

女儿 15 岁，身高蹿到了 165cm，比我高出了半个头。她开始爱“臭美”，热衷和同学一起研究“恋爱八卦”。有一天她和我说起同班的一个男生，我莫名其妙地就来了一句：“他父母是做什么工作的？”说完，我和女儿都沉默了 2 秒钟，然后哈哈大笑起来。我的孩子突然就长大了。而当我再看到年轻小伙子，也已经开始进入“丈母娘”的心境了。

青春期的孩子特别容易和父母产生冲突，一方面是受到青少年心理特点的影响。青少年面临独立，期待分离，而自身的性格发展又充满不稳定性。

这时候的他们：

既叛逆又渴望引导，

既独立又需要支持，

既自信又超级敏感……

这样的“小刺猬”“小怪兽”对父母既想拉近又要推开，特别考验父母情绪耐受能力和包容度。

而另一边，人到中年的父母们，面对青春期已经发育成熟的儿女，必然会被唤醒本能中自己对“衰老”的恐惧和死亡焦虑。在生物界中，下一代的成熟，可以繁殖，意味着上一代已经可以被淘汰。这必然会爆发出一种爱恨交织的张力。加上中年人大量的现实压力，在家庭空间里，就会特别容易爆发冲突。

网络时代的“自媒体精神”“去权威化”，也让老父亲、老母亲的“权威感”遭受了崩塌式的威胁。

社会学家周晓虹结合我国国情提出了“文化反哺”的概念。简单来说，就是相较于父辈，新一代的年轻人拥有更好的物质条件和受教育的机会，同时，数字媒体的广泛普及使得他们拥有了更加广阔的与他人和环境建立交流的渠道，这一切都极大地拓宽了年轻人的认知边界和知识迭代的速度，让他们由传统意义上的“受教育者”“经验接受者”成了“教育者”“经验分享者”。这挑战了家庭中父母的权威地位，让传统的父母很难适应。

当家庭中迎来了青春期的孩子，父母也开始遭遇了自己的“中年危机”，甚至不得不开始思考和规划晚年生活。这对中年父母来说，是非常重要的历史时刻，也关乎我们整个余生的生活方向。而我们的孩子也在用自己的方式，跌跌撞撞地尝试着如何走进社会，实现自己的独立。

这将是我们和孩子的一场激烈的“告别”。

工具 46：青春期温馨提示

关于与青春期孩子的相处方式，很多专门的书籍都有详细的介绍。本书由于篇幅的关系无法展开，在这里给大家分享几点在沟通中的温馨提示。

- 不要因为琐事唠叨，学会闭嘴。
- 把自己的话当金子，说一句是一句。
- 避开他反感的话题，话不投机就停止。
- 不说教，减少下命令多交换意见。
- 沟通时间越短越好，一次一件事。
- 沟通完不要马上期待改变，多给孩子一点时间。

情境小练习：开始新的成长

家庭中迎来青春期的孩子，意味着分离即将发生，更意味着一种全新的关系，以及每个人都要面对的新的未来挑战。试着制订一个学习计划吧！

书单：________________________________

专家：________________________________

课程：________________________________

取经：________________________________

交流：________________________________

____

冲突 Tips

关键词：冲突

思考题
存在完美的童年吗？养育的关注点应该在哪里？ 为什么随着孩子的成长，会唤起父母自己曾在其小时候经历的问题？ 父母亲吵架后，该如何降低对孩子的情感伤害？ 为什么情绪控制不住？父母有情绪而骂了孩子后该如何挽回？ 更年期的父母和青春期的孩子该如何好好说话？

刻意练习：重塑亲子关系

在养育孩子的过程中，我们要不断觉察原生家庭互动方式对自己和亲子关系的影响。试着去寻找一些方法，把过去的问题解决掉，与孩子建立起全新的关系。

互动方式	观察记录	反思	改变计划
父母给予爱的方式			
行为方式的模仿			
表达期待的方式			
压力状态下的应对方式			
人生态度的影响			

冲突工具箱导图

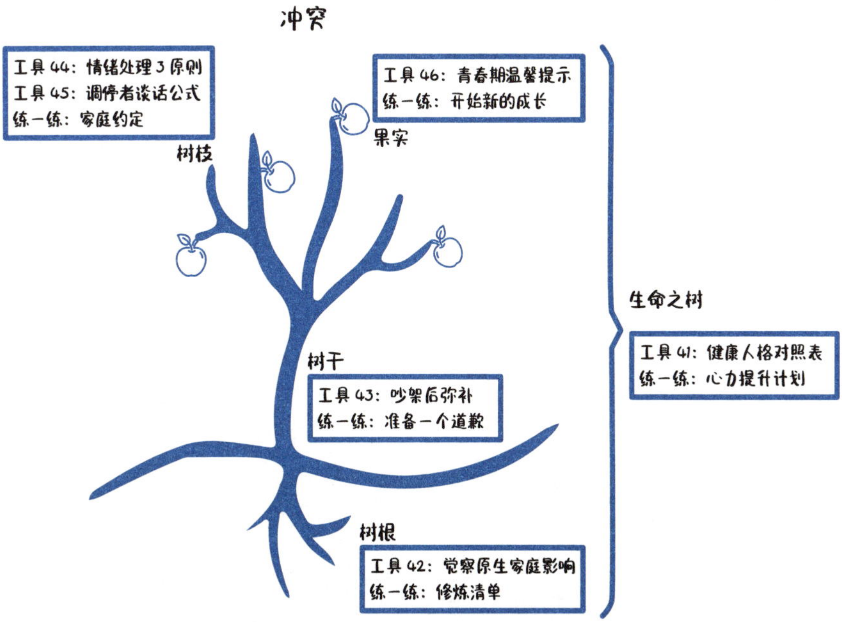
冲突
工具 44：情绪处理 3 原则
工具 45：调停者谈话公式
练一练：家庭约定
树枝
工具 46：青春期温馨提示
练一练：开始新的成长
果实
生命之树
工具 41：健康人格对照表
练一练：心力提升计划
树干
工具 43：吵架后弥补
练一练：准备一个道歉
树根
工具 42：觉察原生家庭影响
练一练：修炼清单

第9章

陪伴，我们终归普通

关键词：陪伴

很多人都问我，你是一名心理咨询师，陪伴孩子也一定很“专业”吧？其实，在家里，我也是个普通的妈妈，会发脾气，有自己个性的缺点和认知的局限。我的孩子有时候也会无辜“受伤”。在咨询室里或者是课堂上，因为要保持自己的专业形象，反而会努力要求自己好好按照“专业的标准”去做。

然而，“专业”真的就是最重要的吗？

我很早就学习心理学并在企业授课，那时候，也会讲亲子课程。在自己有了孩子后，经历了每一个普通妈妈所经历的“一地鸡毛”，我反而不敢随便讲这个课了，也越来越不敢轻易给出所谓的“专业”建议。没有人可以教别人怎么做父母，也没有人是完美的父母。我看到更多的家长，他们可能不懂技术，甚至“没什么文化”，但这并不妨碍，他们是孩子最信赖的人。

无论你是谁，我们都不过是和孩子一起，彼此陪伴着，度过了一段人生。

思考题：

- 陪伴需要什么科学的技术和方法吗？
- 单亲家庭就无法给孩子完整的爱吗？
- 陪伴孩子就一定要辞职吗？什么是高质量的陪伴？
- 为什么陪伴孩子会搞得家长筋疲力尽？
- 为什么我们做了很多，却离想要的越来越远？

陪伴

陪伴就是“我在”：

得道者一线藕丝牵大象，盲修者千金大锤抡苍蝇

我们这一代父母，是最爱“学习”的父母，而且特别在意实用的技术和科学的方法。然而，我经常反思让技术和方法真正产生成效的又是什么呢？

英国的研究人员发现，第二次世界大战期间，伦敦遭遇了连续的爆炸。人们为了确保孩子们的安全，让孩子离开他们的父母，把他们迁移到远处的农场。有几千个孩子被送至远离爆炸区的农场，有另外几千个跟着父母在爆炸地——伦敦生活。战争结束后，安娜弗洛伊德，做了一项研究，把生活在郊区安全的远离爆炸区的儿童和生活在伦敦那里有爆炸

但跟父母一起的儿童，进行了比较。结果，跟父母一起的儿童，受到的影响比生活在郊区的儿童受到的影响反而要少。

在如此恶劣的环境下，那些父母是采用了什么技术和方法来陪伴孩子，让他们免受伤害吗？战火纷飞、饥不果腹，“专业”似乎没有什么“用武之地”，他们只是“在”而已。

存在主义心理治疗师欧文·亚隆（Irvin Yalon）是全世界公认的治疗大师，还是一名了不起的作家。他把自己的咨询经历写成了很多故事。在其中一个故事里，他也谈到了自己对技术的理解。

爱丽斯即将搬到养老院去，不得不卖掉自己的房子和那些充满回忆的精心收藏的乐器。此时欧文·亚隆正好有几天的假期会离开那座城市。治疗师知道这段时间对爱丽斯来说会比较艰难，就给她留了手机号码，让她在紧急的时候可以打电话。

当搬家公司开始清空爱丽斯的房子，爱丽斯体会到了一种令心灵瘫痪般的痛苦，她拨通了治疗师的电话。欧文·亚隆采用了各种各样的“技术”，希望爱丽丝能够安静下来，但都没能奏效，甚至爱丽斯挂掉电话认为治疗师非常冷酷。

过了两天，爱丽斯打来电话表达了对治疗师陪伴的感谢，说自己已经平静下来了。

后来欧文·亚隆分析了自己的这一段治疗经历，他认为真正起到作用的，是他的“在场”而非“技术”。在这一通艰难的电话中有一个隐藏的信息起到了至关重要的作用：“就是无论你感觉多么恐慌，我都不会回避你或者抛弃你。”

养育是一件最需要付出和牺牲，最需要坚持长期主义、不追求功利结果的事。这与西方的追求实用主义、热衷高效技术工具、追求释放自我欲望、主张爱自己的这些消费主义的价值观，恰恰是背道而驰的。

专业技术、科学方法固然重要，但让这些最终产生效果的是父母的“在场”，是父母的“自我牺牲”的精神、陪伴孩子的“决心”以及永不放弃的“勇气”。

工具 47：不同年龄的陪伴

0～1 岁的陪伴是亲密无间的接触

妈妈的味道、肌肤的接触、温暖的怀抱、轻轻的耳语都是最好的陪伴。

1～3 岁的陪伴是情感的互动

这个时期的宝宝在发育依恋关系，情绪陪伴很重要，理解孩子的感受，目光的交流，一起翻滚嬉笑，在害怕的时候紧紧抱着她。

3～6 岁的陪伴是一起游戏，一起探索与发现

一起做游戏，带孩子去看电影，一起去参加各种有趣的活动，去大自然，解决孩子各种各样奇怪的问题，是这个时期最主要的陪伴。

6～12 岁的陪伴是支持他融入学校，获得自信

上学了，孩子背上书包独自走进“社会”，我们需要支持他交到朋友，帮助他完成学习的任务，鼓励他在群体里成为自信的自己。

青春期的陪伴是信任、允许、等待

退后一步，调整自己与孩子的关系，允许他按照自己的节奏成长成自己的样子，等待他长大成人，与你挥手告别。

情境小练习：给陪伴补课

很多父母因为工作忙错过了孩子小时候的陪伴，但是补课永远都不晚哦。只要孩子还在身边，我们都可以好好拥抱、依偎，一起看电影、做游戏、亲密地聊天……跟孩子说：“放心吧！有爸爸妈妈在！”

快快行动，做点什么！

妈妈力和爸爸力：

严父慈母，不是两个人，是孩子需要的两股生命能量

如今要求爸爸加入养育的呼声越来越强烈，养育当然不仅是妈妈的工作。孩子需要父亲和母亲同样多的爱和陪伴。那么孩子对爸爸妈妈会有什么不同的需要吗？如果面临离婚、单亲，缺乏一方父母的家庭，孩子就一定无法得到完整的爱吗？

在精神分析理论中，认为人获得精神世界的心智独立，需要获得两类力量。一类是有关养育、抱持、情感的滋养，这多数是母亲在做，被称为母性力量，是妈妈力。另一类力量则是有关规则、秩序感、向外探索，这一类养育职能多半由爸爸在做，是父性功能，是爸爸力。

你可以从这样的两个画面里去体会：

孩子在母亲的怀抱里，两者目光温柔地对视。这是妈妈力。

父亲牵着孩子的手，是保护者，父亲和孩子的目光都看向父亲指引的方向。这是爸爸力。

妈妈的怀抱和目光，爸爸的保护和引领帮助我们走进现实世界。

母性功能和父性功能，就如中国文化中的阴阳、乾坤一样，是不同的力量和能量。但是，母性功能并非只有母亲可以提供，父性功能也并非只有爸爸才有。一个爱做饭的爸爸也能烹饪出“妈妈的味道”。一个自信独立的妈妈，也可以成为孩子的榜样。心智充分独立的父母，在内心里会“雌雄同体”，同时拥有这样两种力量。既有爱和温暖，也同样具备规则和秩序感。

陪伴，就是在成长中给孩子提供这些不同的爱的功能。即使离婚或者单亲的家庭，只要孩子能够得到足够多的支持，那就是完整的爱和陪伴。相反，即使在拥有双亲的家庭里，如果这些妈妈力和爸爸力不够，孩子还是会感觉缺失。

工具 48：妈妈力爸爸力

孩子需要的妈妈力	孩子需要的爸爸力
温暖的拥抱和抚慰 对情绪的理解和回应 对情感的包容和接纳 心灵的知己	规则感和秩序感 坚定的保护力量 向外探索、解决问题 理想的榜样

情境小练习：加力计划

无论妈妈力还是爸爸力，都需要通过具体的“动作”来完成。比如，一顿可口的饭菜，一次知心的谈话，关键时刻的撑腰，一起立个规矩。

请你制订一个可以给孩子加力的具体计划吧！

妈妈力行动：________________________________

____

____

爸爸力行动：________________________________

____

____

保持爱的松弛感：

比陪伴的“时长”更重要的是，孩子收到了“爱”

据我观察，很多家长学习了心理学以后会得出来一个可怕的结论，如果没有在关键的时期陪好孩子，孩子心理就会有创伤，未来的人生必定坎坷无比。作为妈妈，因为承担了更多的陪伴责任，所以常常纠结要不要辞职，待在孩子身边才安全。很多妈妈因为现实的原因，无法在工作和带娃之间取舍，生怕伤害了孩子，感觉非常“内疚”。

如果我们把陪伴变成了一项重要的责任和繁重的义务，搞成了“负担”，那么你如此“小心翼翼”地留在孩子身边，他就真正能够感受“爱”吗？

陪伴是爱的连接。陪伴是否成功，取决于孩子是否收到了爱的感受。陪伴的“时长”并不重要，“质量”才是关键。

Concentrate 保留真空时间

真空时间，是放下工作，放下学习，放下手机，放下一切，静静地和孩子在一起的时间。只是和 TA 在一起，陪孩子做喜欢做的事，没有目标，没有计划，甚至没有语言。生活里需要这样真空的时间，哪怕只有 20 分钟，只是和孩子简简单单地在一起。

Classics 制造经典时刻

每个孩子的生命里，都有几件难以忘怀的“大事”，一次长途旅行、珍贵的毕业典礼、夏令营的魔鬼训练、一封信、一次畅谈，甚至一次大吵之后的拥抱。在那些孩子心里特别重要的事的回忆和画面里，有你在。这些经典时刻，和日复一日，同样重要。

Crumb 点滴用心连接

在孩子的午餐盒里，留下一张小纸条：“下午体育课，要注意安全哦。”在不经意间，给孩子一个期待已久的小惊喜。每天晚上睡觉前，不厌其烦地说那句——“I LOVE

YOU”。摸摸她的小屁股，在怀里抱一抱。那些有感而发的点滴用心，都会在孩子的生命里留下痕迹。

Community 建立保护圈

孩子并不是所有的生活都和父母一起，其他重要的人的陪伴也很重要。祖父母、老师、小伙伴、邻居……建立起一个孩子的支持系统，同孩子的照顾者、教育者、伙伴建立良好的关系，让他们形成一个共同陪伴孩子成长的保护圈。

陪伴是爱的注入。陪伴的终极目的是用爱把孩子的心灵注满。注满温暖，注满尊重，注满安全，注满美好……这需要你能保持一种松弛感，自然地流淌、巧妙地用心。

爱，没有亏欠，但需“刻意”。

工具 49：高质量陪伴 4C

Concentrate 保留真空时间

Classics 制造经典时刻

Crumb 点滴用心连接

Community 建立保护圈

情境小练习：刻意陪伴

根据高质量陪伴 4C 法的启发，设计下你接下来的陪伴计划。

Concentrate 真空时间	Classics 经典时刻
Crumb 点滴用心	Community 保护圈

做个 60 分的妈妈：

深度陪伴不是深度消耗，允许自己和孩子一起成长

“伙伴们，我刚刚做完剖腹产手术，第一时间，训练营准时打卡！终身成长，成为更好的自己！”此处朋友圈这行文字的配图，不是产房、不是自拍、不是母婴合照，是一个演讲训练营完成今日作业的打卡截图。

“剖腹产手术”“打卡”“更好的自己”，我一时间真的无法把这几件事联系在一起。

我也是妈妈，也经历过这样的时刻。我还清晰地记得当我结束剖腹产手术，被抬回病房时，疲惫不堪、如释重

负的心情。那时候，刚刚只是见了一面的“小幼崽”还在护士站里被翻来覆去地清洗、打针、称重……我心心念念的是什么时候才能把她抱进来，先数一遍手指头、脚指头是不是数目正合适。我担心如果没有母乳怎么办，背在身上的麻药泵要是没了麻药夜里会不会很痛，输尿管这个东西真是人间尴尬……

难道成为母亲，不已经是我们此刻最值得庆祝的成长吗？

我们追求独立，追求生活事业的平衡，追求终身成长，其实很多时候都是在追求一个 100 分的自己。然而，我们就不可以做个 60 分的妈妈吗？

在简单心理的一份调研报告中显示，从孩子刚出生到孩子逐渐长大的过程中，新手妈妈会面临不同的挑战，家有 0～1 岁孩子的新手妈妈中，有 41.04% 表示“当事情出错时，会不必要地责备自己”。在这些感受上占比明显高于 1～2 岁及 2～3 岁孩子的妈妈。我们害怕不能做一个好妈妈带来的焦虑，会导致一连串的情绪问题。而这种有关“不够好”的情绪，还会在压力下，转而“扔”给他人，觉得我的伴侣不够好，我家的保姆不够好，我的环境和支持不够好，这带来了更多的焦虑和沮丧。调查中也显示，随着孩子年龄的增加，越来越多的新手妈妈感到“更有责任感，比以前更坚强了”，也更多地能“感到温暖而愉悦”。最重要的是，她们放过了自己。

在精疲力竭地一次次收拾后，一转身就又会凌乱的房间，让我们学会放下了对“完美”的期待。执拗的人类幼崽，让我们在遵从天性和维持秩序之间反复权衡，最终学会了“顺势”而非“控制”。我们挨过了宝宝发烧的漫漫长夜，也经历了孩子每个第一次的喜出望外。终于明白，凡事总归要有所取舍，也没什么事不可以过去。

我们学会了和遗憾及不确定和谐共处，不再期待成为 100 分的自己。

工具：本小节作者决定“摆烂”了，没有工具。没有练习。

把握每一个当下：

岁月漫长，我们和孩子都终归普通

美国著名童书作家艾诺·洛贝尔写了一个有趣的故事——《青蛙和蛤蟆》。

这是一只蛤蟆一天的生活。这一天刚刚开始，蛤蟆从床上坐起来，在一张纸上写下今天要做的事情清单。他写——“醒来”，既然已经醒来了，就直接划掉。然后写“吃早餐”“穿衣服”“去青蛙家散步”“吃午饭”“睡午觉”“和青蛙玩游戏”“吃晚饭”“睡觉”。他一步步完成清单上的事情，每做完一件就划掉一件。

当它来到朋友青蛙家，他宣布：“我的清单告诉我，我们要去散步。”然后他们去散步了，蛤蟆就从清单上划掉了“和青蛙散步”。突然一阵大风把清单从蛤蟆手里吹走了，青蛙赶紧去追。但是可怜的蛤蟆不能去追，因为这不是它清单上面要做的事。所以蛤蟆只能坐在那里待着不动。

后来青蛙没有追回清单，双手空空地回来。蛤蟆记不得清单上还有什么事情需要做，于是它俩只能一起呆呆地坐着。最后，青蛙说：“天快黑了，我要回去睡觉了！”“睡觉！”蛤蟆大叫着跳起来：“那是我清单上的最后一件事！”于是蛤蟆就找了一根木棍在地上写下“睡觉”，然后划去它，满意地感到自己终于过完了这一天。

我对这个故事印象深刻，因为看到它的时候，我手里正好拿着一张“清单”。

我和孩子刚吃完晚饭，清单上是接下来要去切好水果，赶紧督促着孩子休息一会儿、吃点水果好去抓紧完成作业。我一边洗着盘子，一边竖着耳朵听客厅里，打着游戏的孩子是不是已经结束了。因为现在的清单轮到写作业了……终于把孩子撵去房间做作业了，突然又想起明天课外辅导班的老师好像说要换一次课，赶紧在清单里补充一条，然后发微信去确认，一并确定明天接送、晚饭的计划……

而我忘记了，在清单里为自己写上——请坐下来，喝一杯咖啡。

就像我错过了心心念念的那一杯咖啡，我想我也同样错过了很多在生活中与自己在一起的点点滴滴的时光。在吃饭的时候想着切水果，在洗盘子的时候想着作业，冲完了咖啡又突然想起要确定明天的安排。就这样，不知不觉中错过了这一顿食物的美好，洗碗水的温度，咖啡冒起的香气，和孩子愉快的聊天……

生活，就这样溜走了。

在那些披荆斩棘迈向未来的日子里：

亲爱的爸爸妈妈们，请照顾好每个当下的自己！

工具 50：5 感书写法

在我的另一本书《焦虑是头大象：如何一口一口吃掉它》中，我为大家推荐了一种书写的方法，它可以陪伴我们化解焦虑，找回“当下”的力量。其中“5 感书写法”是最容易操作，也非常有效的。

你可以找到一个安静的空间，泡上一杯热茶，放一点轻音乐，让自己完全放松下来。拿出纸笔，随意地、自然地写下当下的感受。

你可以尝试使用以下的词语作为开头：

我看到：

你可以描述所见的颜色以及颜色带来的感觉；所见的光线以及光线强弱带来的感觉；试着写下一个你之前不曾发现的细节……

我听到：

你可以描述你听到的声音以及声音带来的感受；描述身边的环境里充满的各种声音以及它们是由什么发出来的；如果是在一个特别安静的环境里，你是否可以听到自己的心跳……

我触摸到：

用你手指轻轻地去接触一样物品，可能是一个瓷杯子，可能是一只泰迪熊。感受手指接触到它们时的温度、质感、软硬，这时候你可能想要对它说些什么……

我闻到：

试着注意一下家的味道；留意自己身体的味道，也回忆自己喜欢的人的味道，写一写味道里的记忆是什么……

我尝到：

把食物轻轻地放进嘴里，先不要咀嚼，注意到它的味道是如何慢慢扩散到你的嘴巴里的；有意识地咬上一两口，细细咀嚼，味道又发生了怎样的变化……

种种滋味，带你回归当下。

情境小练习：此时此刻

此刻邀请你，放下手中的书本，抬起头，环顾四周，由远及近，再由近及远……写下你看到和感受到的一切。

我看到：______________________________

____

____

____

陪伴 Tips

关键词：陪伴

思考题
陪伴需要什么科学的技术和方法吗？
单亲家庭就无法给孩子完整的爱吗？
陪伴孩子一定要辞职吗？什么是高质量的陪伴？
为什么陪伴孩子会搞得家长筋疲力尽？
为什么我们做了很多，却离想要的越来越远？

刻意练习：自我关照的书写练习

此时此刻……

陪伴工具箱导图

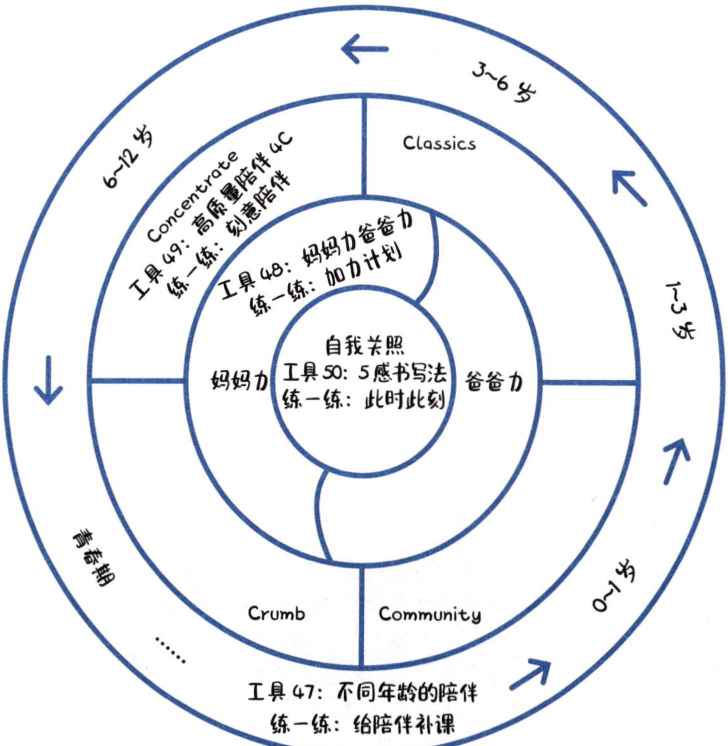
3~6 岁
6~12 岁
Classics
Concentrate
工具 49：高质量陪伴 4C
练一练：刻意陪伴
工具 48：妈妈力爸爸力
练一练：加力计划
1~3 岁
自我关照
工具 50：5 感书写法
练一练：此时此刻
妈妈力
爸爸力
青春期
Crumb
Community
0~1 岁
……
工具 47：不同年龄的陪伴
练一练：给陪伴补课

我不完美的梦
你陪着我想
清華附中
TSINGHUA UNIVERSITY HIGH SCHOOL

后记

给爱松绑

我的女儿为这本书绘制了插画。后记之前的这一篇，最触动我心。

因为，她把我设计成在她身后半透明的样子。

她 15 岁了，我渐渐开始不再是她生命中的主角。

这幅画，总让我想起我和女儿去厦门的旅行。

2013 年，我带着上幼儿园的她第一次独自出行。她对我百般依赖，对旅行充满热情，就像挂在我身上的一件行李寸步不离。满眼的三角梅、民宿里圆形的浴缸、鼓浪屿上盖章打卡……都让小小的她兴奋不已。

8 年后，她已经是一个初中生，我们再次去厦门，同行多了她的小“闺蜜”。两个人开始倾心于自己转悠，爱上星巴克和网红打卡地。她俩甚至查好行程，在我上课期间溜出酒店，坐公交车去了观音山和曾厝垵……

是的，我开始慢慢变成了一个半透明的妈妈。

在写作这本书的过程中，这15年养育的点点滴滴再次浮现。成为妈妈，我打开了一个又一个新的世界，挑战了一个又一个不曾想过的可能。同时，我也在学习接受与孩子的渐行渐远。

写完这本书，我还意外地完成了对自己的松绑。

这个松绑来自我不断地在追问自己：

“张老师，你教授的那些沟通的工具和方法，你自己每一次都可以做到吗？”

我必须诚实地回答：“不能。”

我也只是个普通的妈妈。

有时候，做一个60分的妈妈真的已经足够好了。

“那这每一个方法，是否针对任何一个孩子都会有理想的效果呢？”

我也必须诚实地回答：“不一定。”

生孩子就是开盲盒，每个孩子都是唯一的风景。

我学会了相信，自己才是养育孩子的最好决策者。

所以也请你：“学会相信自己，给自己松绑。”

你不必为自己的某一句话说得不妥而自责；也不必为哪一次没有控制住情绪而担忧；更不要把这本书，又当作一个必须要完成的成长计划。成长，是为了成为我们最自在的样子，而不是要成为一个完美的自己。

松绑之后的我惊喜地发现“分离并不等于失去”。

我们只是在不断调整给予爱的方式，调整我们和孩子之间的“站位”而已。感谢我的孩子和我一起完成了这本书，让这次写作不仅成为一次回望，更成为我和孩子在新的“站位”上，面向未来的并肩而立、全新出发！

尽管养育的旅程中有各种各样的不确定，但如今我可以确定的是：在这个没有地图、无法重来的旅程之中，我触摸到了生命的质感，实现了自我的蜕变，创造了属于自己的风景！

你的旅程，终归也有你独特的风景。

养育，各有滋味。

爱，殊途同归。

享受孩子陪伴你的时光吧！

孩子们，谢谢你。

附录

与孩子一起成长的45个思考题

[夸奖] 思考题:

- 孩子夸多了会不会“骄傲”?
- 为什么很多夸奖没有效果，甚至适得其反?
- 怎么夸，才能促进孩子落实行动?
- 一旦不夸了就不做，这是怎么回事?
- 什么样的夸奖能让你的孩子越来越自信?

[批评] 思考题:

- 打是亲骂是爱吗?“棍棒”到底要不要挥?
- 孩子不接受批评，越批评越“逆反”是怎么回事?
- 批评和惩罚的“尺度”该如何把握?
- 哪些批评是我们冤枉了孩子的?
- 如何使用批评有效“纠正”孩子的问题行为?

[询问] 思考题:

- 我们为什么会和孩子渐行渐远，如何理解他们的世界?
- 如何向孩子发出让他们敞开心扉的邀请，让孩子愿意跟你说?
- 如何通过有效的倾听，让你的孩子愿意说得更多?
- 如何了解孩子所说的话的背后故事?
- 当孩子还小或者自己说不清的时候，该如何去了解问题?

[支持] 思考题:

- 玩手机、早恋、零花钱……怎么寻找这些问题的解决方法?
- 在哪些时候我们是必须要给孩子撑腰的?
- 自信的孩子是如何支持出来的?
- 当家长也没有经验的时候，如何寻找支持孩子的方法?
- 无条件地相信和支持孩子，会不会反而让孩子有压力?

[放手] 思考题：

- 为什么父母不在身边的时候，反而是孩子成长最快的时候？
- 孩子为什么磨蹭、拖延，一离开父母的要求就什么都做不了？
- 什么时候可以放手？放手要如何“放”？
- 如何终结“吼作业”，帮助孩子养成好习惯、戒掉坏习惯？
- 面对内卷该如何学会放手？如何才能把行动掌握在自己手中？

[决定] 思考题：

- 课外班孩子知道怎么选吗？能不能替他们决定？
- 做决定为什么重要？如何培养孩子做决定的能力？
- 家长为什么想让孩子听话？听话到底是不是好事？
- 立规矩一定要严厉吗？如何才能让孩子真正实现自律？
- 要不要让孩子吃苦？为什么要让孩子参与生活？

[交流] 思考题:

- 为什么孩子自卑、怯懦，容易被欺负?
- 不同年龄的孩子用什么方式交流更好?
- 说话不注意，真的有那么大的伤害吗?
- 高品质的交流要怎么做?
- 孩子为什么不爱跟你聊天?

[冲突] 思考题:

- 存在完美的童年吗?养育的关注点应该在哪里?
- 为什么随着孩子的成长，会唤起父母自己曾在其小时候经历的问题?
- 父母亲吵架后，该如何降低对孩子的情感伤害?
- 为什么情绪控制不住?父母有情绪而骂了孩子后该如何挽回?
- 更年期的父母和青春期的孩子该如何好好说话?

[陪伴] 思考题:

- 陪伴需要什么科学的技术和方法吗?
- 单亲家庭就无法给孩子完整的爱吗?
- 陪伴孩子就一定要辞职吗?什么是高质量的陪伴?
- 为什么陪伴孩子会搞得家长筋疲力尽?
- 为什么我们做了很多,却离想要的越来越远?